EULALIE-HORTENSE JOUSSE

LES

PLANÈTES ROCHEUSES

LES ERREURS DE LA VIE

OUVRAGE INÉDIT

Quatrième mille

ORLÉANS
IMPRIMERIE GASTON MORAND
47, RUE BANNIER, 47
—
Octobre 1896
EN VENTE CHEZ L'AUTEUR

LES

PLANÈTES ROCHEUSES

Eulalie-Hortense JOUSSELIN

LES

PLANÈTES ROCHEUSES

LES ERREURS DE LA VIE

OUVRAGE INÉDIT

Quatrième mille

ORLÉANS
IMPRIMERIE GASTON MORAND
47, RUE BANNIER, 47

1896

EN VENTE CHEZ L'AUTEUR

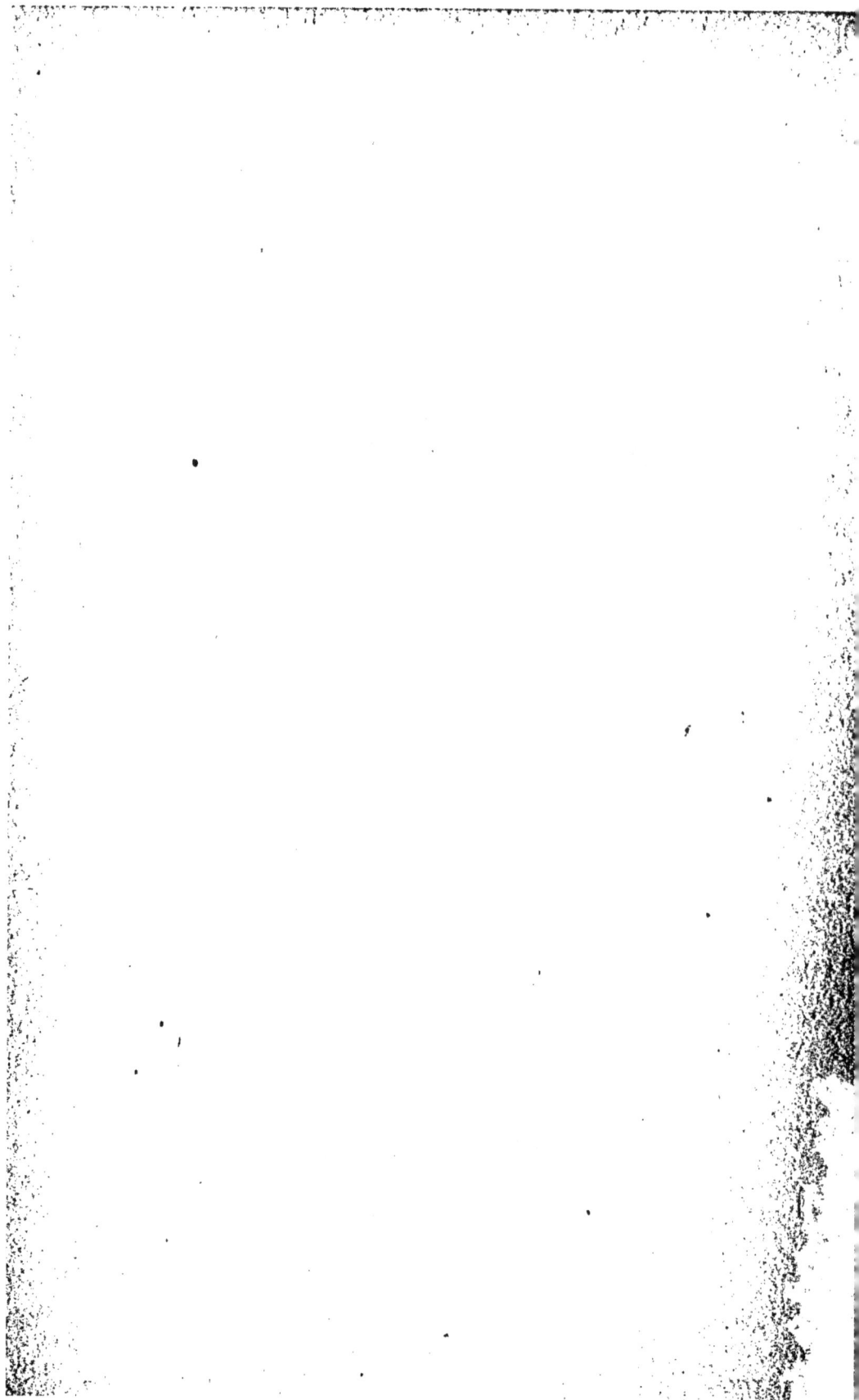

A VOUS GRANDS ET PETITS

I

L'HONNEUR

Cet ouvrage : Les Planètes Rocheuses, qui sus-
cita tant de jalousies dans son essor privé, parmi
des chercheurs sans valeur, gens qui déter-
rent les œuvres nouvelles des intelligences d'é-
lite, pour chercher un renom, même au détri-
ment du talent d'une femme; cet ouvrage, dis-je,
est sorti glorieux avec l'intervention de la loi,
des perfidies tramées contre l'auteur. Ces êtres
sont pareils au chacal qui est toujours à la re-
cherche d'une proie facile à dépouiller, ou à
l'âne vaniteux qui attend derrière le lion mourant, le moment de son trépas pour se vêtir de

sa peau et promener partout ses lauriers inalté-
rables.

Mais la postérité qui est impitoyable comme
le plomb qui foudroie sera sans pardon pour
ces gens qui sont sans foi, car ces gens là sont
plus à craindre que les bandits qui volent et qui
tuent ; au moins, ces derniers ne volent pas la
renommée, ne tuent pas le talent, cette fortune
de l'intelligence la plus belle et la plus grande
de toutes.

Mais les hommes que l'honneur ne peut toucher, restent toujours sourds à la provocation
juste et courbent même sans se défendre leur
crâne obséquieux sous la colère légitime. Périssent donc les gens perfides ! Périssent les ravisseurs de gloires ! Périssent ceux qui sont sans
honneur et qui doivent leurs succès à leurs bassesses ! Gloire au contraire aux sujets éminents
et probes qui ont jeté la lumière du feu de leur
génie pour éclairer le monde ! Gloire aux grands
hommes qui se sont élevés au sommet de la renommée, soit par leurs actes ou par leurs œuvres ! Gloire enfin à tous ceux dont les fronts
sont stigmatisés du sceau de l'honneur !

Une œuvre, n'est-ce pas une chose sacrée que

nul n'a le droit de souiller et que l'on doit défendre jusqu'à la mort ? Aussi, je ne peux m'empêcher de dire que les Planètes Rocheuses de
ma mère (cet ouvrage qui n'a rien d'emprunté
au style viril) sont une page émouvante de vérité, une école nouvelle, une création qui a été
écrite avec l'énergie et le feu de la passion,
cette flamme brûlante qui ne pardonne pas et
qui élève l'auteur par dessus tout.

Il ne faut qu'une action, qu'une œuvre, qu'un
mot pour rendre un nom illustre. Le Radeau de
la Méduse rendit célèbre Géricault. *L'Angelus* fit
le triomphe de Millet, Le « qu'il mourût ! » du
grand Corneille, dans sa tragédie : « Horace » est
une expression géniale qui aurait suffi pour
illustrer notre grand poète tragique.

La mort d'Henri Regnault couronna sa
gloire de peintre : il eût été moins grand sans
cette action qu'il fit, volontairement, en 1870,
pour la défense nationale, et qui lui coûta la
vie. Henri Regnault est un grand peintre,
qu'on aimera toujours pour sa grande action.

Combien je citerais de noms qui sont restés
célèbres pour une seule action, pour une seule

œuvre, et même pour un seul mot, mais ce serait trop long, je m'arrête.

Cependant, quand je pense à l'année 1870, cette date si tragique pour nous, Français, je ne peux retenir le feu qui m'anime au souvenir de mon père qui s'immortalisa, lui aussi, à cette terrible date en portant des dépêches secrètes au delà des lignes allemandes. Ce fut le premier vendredi de la deuxième moitié du mois de décembre 1870, après avoir reçu du général Le Flô des instructions secrètes et détaillées (1), que

(1) Une lettre que ma mère reçut plus tard, signée du lieutenant Colonel Carrau, plus, de deux officiers, l'un capitaine trésorier l'autre major, atteste la mission du patriote ; mais sa veuve qui a écrit le drame de sa vie montre des dates précises sur les détails de cet acte, d'après des faits et des documents signés. On sait que cette dernière a suivi son mari dès le début de la guerre et qu'elle était au siège de Paris avec ses trois enfants mâles dont les deux aînés étaient en garde chez le frère du lieutenant-colonel Carrau, et le dernier elle l'allaitait. Or, de cette lettre qui est assez détaillée, je vais citer le passage qui résume le départ du porteur de dépêches ; le voici : « Jousselin quitta le régiment dans le plus grand secret dans le courant de décembre 1870 ; il est impossible de déterminer l'époque avec précision attendu que les situations et les contrôles du régiment ont été détruits dans l'incendie du ministère des finances.

Deux jours après avoir reçu ses adieux, le lieutenant comon père partit pour la dernière fois (on sait qu'il traversa trois fois les lignes prussiennes), vers quatre heures du soir, le visage rasé, afin que ses traits n'aient plus rien de martial. Mais comme il renouvelait pour la troisième fois sa parole d'honneur, il fallait, pour qu'il arrive encore au but de sa mission qu'il changeât ses manœuvres antérieures; c'est alors qu'il traversa la Seine à la nage, le corps imbibé d'huile et parvint de nouveau par ce trait, à surprendre les avant-postes ennemis, armé seulement de son intelligence et de son courage. Mais à partir de ce moment, on ne pût avoir de ses nouvelles et on suppose qu'il a été saisi par les Allemands et impitoyablement fusillé comme l'a écrit le général Le Flô, à cette époque ministre de la guerre, dans les attestations qu'il fit sur ce dévouement et qu'il remit à ma mère la veuve du grand héros (1).

lonel aperçut Jousselin vêtu en ouvrier, un bâton à la main, se dirigeant à travers la place du Palais-Royal vers l'ouest de Paris. Le lieutenant-colonel qui passait en voiture ne put lui parler ».

(1) Il convient de croire que ce cœur de soldat qui périt volontairement pour le salut de la *Patrie* et dont on n'eut aucun vestige de ses restes aura succombé d'une

1.

Que sont-ils donc les soldats et leurs traits patriotiques de la Grèce ancienne, ce pays dont l'histoire est emphrasée de la mythologie, à côté de ce Français (1) que Château-Lavallière vit naître et de son grand acte qu'il accomplit sans arme ? Que sont-ils donc les termopyles à côté de notre 1870 ? Qu'est-il donc ce peuple grec, à côté de ce grand peuple français qui insulte à sa défaite et ne veut pas y croire ? Il ne faudrait pas être Français pour ne pas s'enflammer au souvenir de ces hommes héroïques que nos en-

mort non moins dramatique que celle qu'on lui attribue, et sans doute beaucoup plus terrible que la mort par le plomb qui foudroie. Aussi, n'a-t-on pu établir l'identité de sa fin. Cependant, on prétend l'avoir trouvé gelé dans la Seine ; d'un autre côté on rapporte que, pris par les Allemands, il avala ses dépêches qui étaient microscopiques et fut fusillé à Dreux où l'on crut le reconnaître. (On sait que, durant le siège, un émissaire saisi était immédiatement passé par les armes.) Mais il n'y eut qu'un seul témoin pour chacune de ces reconnaissances, or ce ne fut pas suffisant pour la constatation d'un décès et l'on ne put établir que sa disparition.

Il est évident que des recherches énergiques on été faites à ce sujet, puisqu'il était signalé par les autorités militaires et préfectorales qui devaient le seconder en cas de besoin.

(1) Mon père.

nemis d'Outre-Rhin ont grandis par la mort !

Pas un peuple ne peut égaler notre France, ce peuple qui ne veut pas périr et qui étonna l'univers par son relèvement si prompt. Nul ne pourrait subjuguer l'orgueil d'un Français qui aime sa France et qui veut malgré tout rester son français.

Quant à moi, humble peintre je ne peux retenir un cri d'enthousiasme à la mémoire de ceux qui ont illustré glorieusement cette terrible et grande page de l'histoire : 1870-1871, et j'exhorterai toujours de toute la force de mon sang à suivre l'exemple de ces hommes, car, avant tout, il faut apprendre à être homme.

Aussi, rien ne pourrait faire périr mon amour pour la *Patrie*, et le plomb qui tue ne pourrait tuer ma haine légitime, car la colère de mon âme qui ne peut mourir, jetterait encore dans mon œil foudroyé son immortelle et suprême insulte.

De même, devant ses ennemis, quels qu'ils soient, quoi qu'ils fassent contre nous, il faut toujours reprendre sa fierté, cette arme de l'âme qui doit reluire dans l'œil comme reluit le fer d'une épée, cette arme de l'âme qui terrasse et qui tue !

Que nos ennemis, grands ou petits, puissants ou bas, nous craignent et nous admirent, que nos ennemis qui nous ont vilement combattus, courbent leur front à notre passage !

La valeur et le génie de l'homme ne sont-ils pas égaux au nombre des ennemis qui le combattent ?

II

LE REMERCIEMENT

Le cœur, n'est-ce pas ce qu'il y a de plus puissant ? N'est-ce pas la vraie voix, la seule qui dise juste, celle qui ne connaît ni loi ni borne ?

Le cœur a fait les héros, il a fait les grandes âmes, et quand ce sentiment ne parle pas, on est bien petit. On n'est rien !

Nos pères ont eu du cœur et leur souvenir dans l'histoire est un exemple qui doit servir à élever nos âmes à la hauteur de leurs actes et à nous aider à marcher dans le chemin de l'honneur, aussi, mes yeux ne peuvent se détacher de mon époque et ma date à moi, c'est 1870.

On sait que la mission que mon père s'était chargé d'accomplir pendant le siège de notre Capitale était des plus périlleuses. Aussi, en avait-il confié le secret à son frère de lait Monsieur P... encore existant, chez lequel il avait mis en dépôt ses habits et ses munitions de guerre, qui, malgré ses observations, lui faisant voir que cette mission lui serait infailliblement fatale, ne put le convaincre.

« Un guerrier se doit à sa Patrie », répondit l'homme de cœur à son frère de lait, et sur ces mots il partit, laissant aux soins de l'Etat sa femme et ses enfants.

Je n'en dis pas davantage sur ce dévouement que l'auteur des Planètes Rocheuses à écrit; mais, je ne peux m'empêcher ici de remercier les conférenciers, les écrivains, les romanciers et tous ceux qui ont parlé de cet homme qui traversa la Seine à la nage au mois de décembre, en 1870, pour porter des dépêches importantes au delà des lignes allemandes, car cet homme était mon père.

De même, je fais l'éloge du général Le Flô qui

recevait ma mère (en son domicile) comme une
de ses propres parentes.

« Votre pauvre mari, Madame, a été sublime
dans cette affreuse guerre, lui disait souvent le
général (c'était ainsi qu'il s'exprimait quand il
parlait de l'émissaire), et je frémis quand je pense
que cette invasion a coûté à la Patrie plus de
cent mille hommes. »

Ces paroles que la veuve du patriote avait
tant de fois entendues ravivaient sa douleur et
affermissait encore plus sa résolution qui avait
grandi subitement jusqu'à la volonté à ce souvenir de guerre évoqué par le général, car ses
visites avaient pour but de savoir ce qu'était devenu son mari, et son exaspération croissait
d'autant plus que le général persistait comme
d'habitude, à ne donner aucun détail sur ce sujet. « Calmez-vous, poursuivit l'ambassadeur
en voyant la jeune éprouvée dans cet état de
surexcitation qui était voisin de l'emportement,
pensez à vos petits enfants,... nous sommes à la
fin de novembre, il fait froid... vous êtes jeune...
pensez aussi que l'humanité est injuste et que
vous pourriez être victime de ses brutalités ! »
(Il lui parlait comme si elle eut été sa fille et la

retenait longtemps à chaque visite pour lui donner ses conseils qui étaient ceux d'un père).
« J'aime à vous voir, lui disait-il toujours, j'aime
à vous entendre parler, et surtout quand vous
parlez de vos enfants : vous paraissez tant les
aimer ! » La jeune mère aux quatre enfants,
dont l'un de son premier mari est du sexe féminin
qui n'avait qu'un but : l'avenir de ses enfants,
sur les dernières paroles du général qui avaient
frappé droit sur ses espérances, car elle voyait
l'avenir si beau alors, lui répondit brusquement :
« Je ne sortirai pas de chez vous sans emporter
une authenticité sur la mort de mon mari ».

L'ambassadeur eut peur de cette jeune femme,
qui voulut lui arracher à lui, ancien ministre de
la guerre, la vérité sur le secret de cette mission.

« Je suis trop vieux, répliqua le général pour
vous raconter trait pour trait la belle conduite
de votre pauvre mari pendant cette affreuse
guerre ; cela m'entraînerait à de trop longs détails. » Et, après avoir longuement réfléchi :
« Contentez-vous poursuivit-il, des simples attestations que je vais vous donner. »

L'ambassadeur était trop ému ce jour-là pour

écrire devant la veuve ce qu'elle exigeait de
lui ; mais le lendemain de cette scène émouvante il lui fit parvenir les attestations en question dont je vais citer de chacune le principal
passage. Voici de la première ce qu'on lit vers
la fin :

« S'étant présenté *volontairement* pour porter des dépêches importantes au de là des lignes
allemandes, il a été saisi dans l'accomplisse-
ment de cette patriotique mission et impitoyablement fusillé.

Jousselin laissait en mourant une jeune veuve
et quatre enfants dignes à tous égards de l'in-
térêt et de la bienveillance de toutes les autorités
françaises. »

« Paris, 29 Novembre 1877.
« Général LE FLO,

Ancien Ministre de la guerre,
« Ambassadeur de France en Russie. »

La deuxième lettre est ainsi conçue à son début :

« Voici madame une nouvelle attestation de
l'acte patriotique et d'un si haut dévouement

dont votre pauvre mari a été la victime. etc... »

Le général Le Flô était un homme de cœur et je le remercie d'avoir attesté la reconnaissance de cet acte, car les services de l'émissaire rendus à notre France qui sont tout exceptionnels (ainsi que l'a écrit Monsieur Tirard, ancien ministre des finances dans le *Journal Officiel*) sans cela seraient moins connus.

Je remercie le général Le Flô de son élan de cœur quoique ma mère lui arracha ses authenticités sur la glorieuse fin de son mari, qui furent pour elle une arme sans rivale et devant laquelle tous les fronts, sans distinction d'opinion se sont inclinés.

Je remercie le général Le Flô d'avoir contribué au relèvement de la veuve du porteur de dépêches, en écrivant la mort de ce dernier qui est un exemple à l'univers et un document à la postérité ; mais en revanche je ne puis terminer mon remerciement sans crier : « Meurt les Judas qui trouvent miséricorde ici bas, tandis que le patriote qui est saisi par l'ennemi est condamné à périr parce qu'il a été patriote ! »

Mais ailleurs, les Judas et ceux qui méritent le

blâme ne pourront jamais tendre la main ni marcher côte à côte avec le Patriote qui a été héroïque ou le guerrier sans reproche, car le mépris et la colère dans l'œil, ils les foudroieraient en leur reprochant de s'être conduits en lâches quand eux se sont conduits en *hommes*.

EUGÈNE JOUSSELIN TH^re

Paris, décembre 1894

LIVRE PREMIER

L'ENFER AU MILIEU DES FLEURS

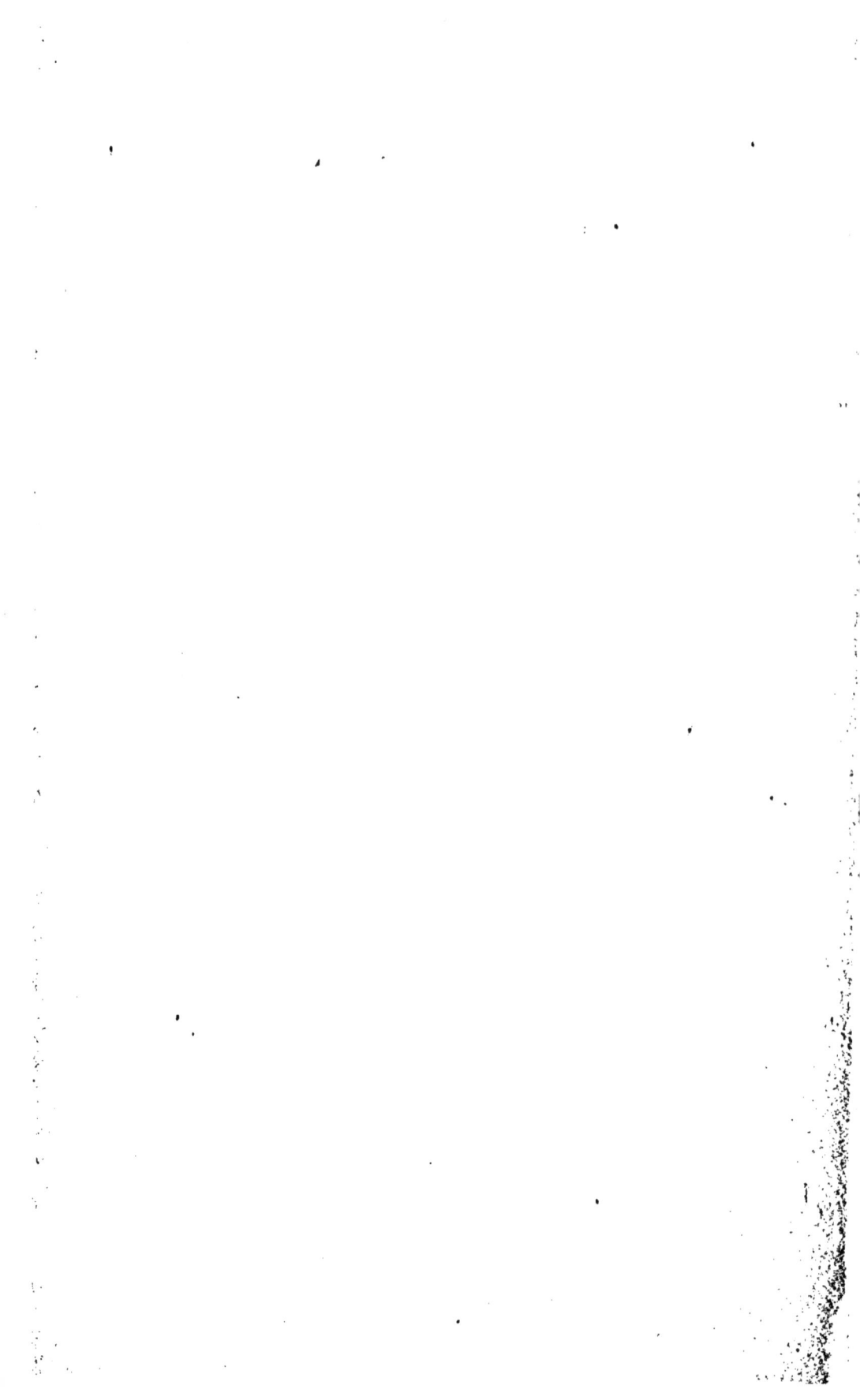

LES
PLANÈTES ROCHEUSES

LIVRE PREMIER

L'ENFER AU MILIEU DES FLEURS

Homme, qui que tu sois, pense à demain.
Homme, ne compte pas tes automnes.
Tu dis au vieillard prévoyant : pense à mourir. Tu dis au jeune homme indifférent : pense à demain, mais, tu ne sais donc pas que le vieillard prévoyant réclamera peut-être, dans vingt ans encore, sa manne quotidienne, à notre mère, la terre, et que le jeune homme indifférent sera peut-être mort demain.

EULALIE-HORTENSE JOUSSELIN

I

LE DOIGT DU GRAND MAITRE .

Combien de gens qui, tombés dans l'adversité, ne peuvent en sortir quoi qu'ils fassent; d'autres, sans se donner de mal, nagent dans l'or et tout leur est prospère. On en voit qui ont tout pour être heureux ; mais ils courent sans relâche après le malheur, lequel, toujours content, ralentit le pas pour se laisser rejoindre plus vite, puisqu'il ne quête que pour avoir des victimes.

Quelques-uns veulent braver les hommes et le destin, mais ce capricieux crie à ces derniers en ricanant :

« Marche en victorieux ! car moi, je suis ton maître et sans t'avertir, je te frapperai de mon bras invincible droit au cœur. » N'allons pas récriminer contre ses actes; car alors, il n'est plus qu'un imperturbable exterminateur. Que lui importe ! il règne sur tous les êtres et les gouverne a sa façon, les foudroie dans leur bonheur, et les accable encore dans leur douleur (1). Quel est celui qui fut épargné par le maître des maitres?

_____

(1) On verra plus loin, pourquoi nous sommes accablés de la sorte ici-bas.

Ce père tout puissant règne partout, et le destin
c'est Dieu. Dieu conduit la vie de l'homme ;
mais l'homme ne peut pas conduire seul sa destinée, il marche souvent contre sa volonté, au gré
de son guide et roule d'abîme en abîme, sans
même trouver sur sa route, un appui pour se
diriger, ni un endroit pour faire halte ; il ne
voit donc qu'un précipice à ses pieds, prêt à
l'engloutir.

O roches pleines d'auréoles et de feux qui
ravivent ! O !... pourquoi vous éloigner toujours ?

II

SYMPATHIES ET ANTIPATHIES RÉELLES

Nous avons déjà vécu sur le globe renaissant ;
ne disons pas non, ce serait nous égarer plus
avant dans les forêts vierges où nous péririons
fatalement, car là il n'y a ni chemin ni lumière.

Je le dis, on rencontre des gens que l'on dé-
teste d'instinct et à première vue, ressentant à
leur contact un dégoût insurmontable, on éprouve
comme un besoin de les fuir, et l'air qu'on res-
pire à côté d'eux semble malsain ; on a beau
vouloir s'expliquer la cause de cette antipathie,

on n'arrivera jamais à justifier l'éloignement qu'on a pour ces derniers. D'autres, produisent l'effet contraire, c'est-à-dire qu'ils mettent instantanément à l'aise la première fois qu'on les voit. Leur attrayante sympathie attire si vite vers eux, qu'il semble que toujours on les a connus. Les cœurs étant comme inséparables se trouvent subitement en bonne intelligence, et cela paraît tout naturel de se parler comme de vieux amis, c'est comme un attachement secret, ancien, qu'on a les uns pour les autres.

Aussi, ceux qui se plaisent sans se connaître, désirent ardemment se revoir ! Pourquoi cela ? Ah ! voilà ce que personne n'a pu comprendre encore.

Deux êtres qui ont l'un pour l'autre le même amour ont involontairement les mêmes élans (ardents, de passion, d'émotions, d'épanchements, de béatitude enfin ; les deux cœurs ne font qu'un).

Je le dis, nous avons vécu dans une autre existence ici-bas, avec tout ce monde, de là vient que ceux-ci inspirent le mépris, ceux-là le respect et l'amour ; nous avons pour les premiers, de la colère et de la haine sans savoir dire pourquoi et, chose plus étrange, ces gens en question ressentent l'envie de nous nuire aussi ; tandis que le contraire se fera ressentir chez les seconds qui, dès la première fois qu'ils nous voient,

éprouvent comme le besoin de nous être utiles,
et nous nous croyons leur débiteur.

Je disais donc : il se trouve autour de nous
des âmes damnées qui apparaissent à nos regards sous la forme d'hommes, et qui ne sont
que des reptiles dangereux. Nous ne leur avons
pourtant jamais fait de mal, mais eux, sans rougir de leur crime, nous feraient, sans honte,
monter à la colleretta (la guillotine) Hé! mais...
cela ne serait pas plaisant si l'on ne retrouvait
pas ces reptiles dans une autre vie.

Je le dis, les vengeances et les meurtres
viennent d'une autre existence. Preuve : est-il
naturel que divers parents tuent leurs enfants ?
et que certains enfants tuent leurs parents ? et
tant d'autres drames de la vie (qui sont si effrayants, que je ne dis pas, car ils seraient trop
longs à décrire).

Tout prouve et fait voir que nous vécûmes
ensemble dans une autre existence, mais nous
sommes aveugles ; tout justifie que de tout temps,
chacun eut ses amis et ses ennemis ; mais nous
ne voulons rien savoir sur nos existences passées ;
cependant, homme de bien, fuis ces ennemis qui
te sont ennemis sans cause ni raison, évite toujours le contact qui peut t'exciter au mal.

2

III

AVENIRS BRISÉS

Peut-on empêcher le cœur de parler et d'aimer ? non ! on peut raisonner avec son cœur ; mais on ne peut pas le maîtriser.

Pourquoi voit-on des gens qui semblent être condamnés à vivre toujours seuls ?... Un exemple : voici un homme, il prit] une femme, elle mourut ; il prit une deuxième femme, elle mourut ; il prit une troisième femme, eile mourut aussi.

Pourquoi existe-t-il de mauvaises unions, et qu'il y a des gens comme il faut, quoiqu'ils soient alliés par le mariage dont les âmes sont loin du foyer ? Parce qu'ils ne retrouvèrent pas dans l'existence actuelle, les créatures avec lesquelles ils s'étaient unis dans l'existence précédente, vu que le feuillet sentencier (1) qui marque le châtiment qu'on doit subir dans la nouvelle existence qu'on passe sur le globe des

(1) Le feuillet sentencier dont je parle, est notre destinée écrite.

pénitents, les égara complètement, et quand ils
se revirent, ce feuillet venait de les conduire
vers ceux avec qui ils sont unis ; cette union
brisa leur vie.

Ceux qui ont oublié que jadis ils vécurent
ensemble et qu'ils s'aimèrent avec passion, ne
savent pas aujourd'hui que c'est cet amour d'autrefois qui ravive en leur âme la douleur et les
regrets de ne pas être unis ensemble. Cependant
personne ne sait que ces êtres qui sont à jamais
séparés pour la vie matérielle s'aiment avec
tant de forces, car dans l'âme, on ne peut y
lire. Quelques-uns qui se sont aimés dans la vie
passée se retrouvent dans la présente, mais ces
cas sont rares.

Ce fut dans une apparition fugitive que les
deux âmes en question s'allièrent l'une à l'autre pour l'éternité. Que de gens dans leur première rencontre eurent, mutuellement, leur imagination frappée de la même manière par l'a-
mour, parce que, sans qu'il s'en souviennent, ils
s'aimèrent dans une autre existence, comme je
viens de le dire. Pourrait-on croire qu'il en soit
autrement, puisque c'est comme cela que naissent les plus solides passions.

Cet amour pur, les amants l'emportent à
l'Outre-terre, quand ils quittent les enfers pour
ne plus se séparer, c'est-à-dire, quand ils seront

dignes d'habiter les Planètes Rocheuses (1).

Que de jeunes filles chastes, que de jeunes gens supérieurs embellissent les Planètes Rocheuses ; mais, nous, les aînés qui ne mourons pas comme des anges, nous devons d'abord savoir ce qui nous fait demeurer si longtemps sur le globe furieux, et savoir aussi pourquoi nous avons toutes ces existences à y franchir. Avant de parler sur ce sujet, disons un mot sur les hommes qui se font remarquer, par leur grandeur, lorsqu'ils passent sur notre Planète. Avant d'arriver où ils sont, on ne saurait dire combien de fois déjà les grands hommes ont habité la vallée renaissante.

L'homme savant et l'homme de génie sont le plus souvent deux ennemis jurés.

On peut avoir du génie sans être un savant, de même qu'un savant peut ne pas avoir de génie, aussi, généralement, les découvertes d'un savant ne sont que scientifiques.

Un trait de génie ne s'apprend pas, il sort naturellement de l'âme dans un élan soudain (tout ce qu'on crée est soufflé dans l'âme).

Les études appartiennent à tout le monde et, on peut acquérir une carrière comme on acquiert les écus, tandis que le génie s'apporte en naissant.

---

(1) On verra à la fin de ce tableau, ce que sont les Planètes Rocheuses, et leurs habitants.

De même, les inventions se déterminent par révélations ; mais, pour qu'un homme arrive au but de ses recherches, il faudrait plus d'un siècle durant, et encore, serait-ce le pauvre inventeur qui en aurait la gloire ?

Les hommes ne sont d'accord sur rien. Je vois que pas un n'a ressuscité avec l'âme qui apporte la vérité en naissant, et qu'aucun ne fut prophète. Je vois qu'ils se contredisent les uns les autres et nous récitent ce que tout le monde pourrait savoir en passant comme eux(1) sa vie dans les livres, mais ils n'ont rien prédit sur nos destinées.

D'autres, plus hardis que les premiers, tels que Virgile, Dante, etc., n'ont rien dit de vrai sur le Paradis et la Résurrection, ni sur l'Enfer et la mort des hommes.

IV

LES DÉLAISSÉS D'HIER. LES REHAUSSÉS D'AUJOURD'HUI

Ayant voulu autrefois se rendre utile à la société, beaucoup de ces sujets dont je parle reviennent sur le globe jouir de leur invention.

(1) Ceux qui toujours cherchent dans les livres.

2.

Nous leur fimes essuyer (à cause de leur création) dans leur précédente existence, railleries
et coups d'épée, coups plus mortels que le venin
du crotale (1).

Eh bien, nous allons maintenant poser ces
derniers au sommet des grandeurs, sans pourtant omettre ces mots : ces sujets ne sont que
des perfectionneurs ; les inventeurs ne sont-ils
pas morts à telle époque ? Oui ! Les inventeurs
sont morts à telle époque. Mais je le dis, ce
sont eux-mêmes qui sont revenus dans la vallée
du génie pour profiter de leurs œuvres qu'ils
avaient abandonnés en mourant, et, n'est-ce pas
juste ?

Je le dis, on ne peut être l'inventeur, et le
perfectionneur à la fois.

Je le dis, il faut revenir ici-bas achever l'œuvre qu'on y a commencée car là est le mouvement perpétuel, qui est suivi d'une comédie per-
pétuelle. puisque, dans l'existence précédente
nous avons mis ceux-ci et ceux-là plus bas que
terre et que, dans l'existence présente, nous les
juchons sur un perchoir si haut que la voûte
céleste craint parfois d'être atteinte.

---

(1) Lire *les Martyrs de la science*, par Gaston Tissandier, on verra les souffrances et les drames dont certains
grands hommes ont été les victimes à cause de leurs ennemis.

V

ILS PÉRIRENT MISÉRABLEMENT

Papin, l'inventeur de la vapeur, mourut misérablement, ainsi que Bernard Palissy, cette victime de la science, l'inventeur de l'émail sur la faïence et de l'ornement de la poterie, créateur de la céramique en France, qui succomba en 1589, dans un cachot de la Bastille.

Daguerre ne fut point le premier inventeur du daguerréotype ; ce fut un jeune homme qui était dans une infime misère qui fit cette découverte, et dont même on n'eut aucun vestige par la suite, car, pour finir ses jours, il eut sans doute l'hôpital pour refuge.

M. Tissandier, dans ses merveilles de la photographie, raconte, sur cet inventeur, un récit émouvant (1).

Rendons pareillement justice aux grands hommes qui moururent dans l'ombre et à ceux dont les souffrances sont restées dans l'oubli car, si ces hommes fiers parlaient de leur passé,

(1) Voir *Les Merveilles de la Photographie*, par M. Tissandier.

ils cachaient leur vie présente. Il est des souvenirs qui nous crient : « arrête ! nous ne voulons pas être connus ; emporte-nous dans le tombeau ».

VI

L'HOMME N'EST PAS CRÉÉ POUR RIEN

Retournons en arrière, arrêtons-nous un moment sur les temps primitifs, observons les gladiateurs devant César, regardons un instant ce qu'étaient les Grecs avant Jésus-Christ.

Comparons la barbarie d'autrefois avec nos actes d'aujourd'hui.

Rappelons-nous les druides et leurs immolations, le pouvoir qu'avait le mari sur sa femme et sur ses enfants, la promptitude qu'il y avait à la provocation aux duels. Tout n'était qu'extravagance et folie, et massacre sans but.

Je le dis, on ne peut devenir subitement un génie la première fois qu'on vient sur le globe des études. La rapidité de la marche, quand on regarde en arrière, fait voir que ce n'est pas dans une seule existence qu'on peut aller de ce train et que de plus, les hommes ne sont pas créés pour rien ; ils doivent aller sans faiblir vers le but sacré qui les fera atteindre presque à la perfection.

Ce n'est pas pour notre pauvre vallée que nous nous donnons tant de mal, à quoi cela servirait-il, au reste, étant donné que le Grand Maître nous appelle pour aller ailleurs au moment où nous y pensons le moins, et qu'alors, nous laissons à la terre ce qui lui appartient : qui est notre corps.

Mais je le dis, nous emportons pour embellir les Planètes Rocheuses, notre savoir et nos vertus. S'il en était autrement, pourquoi donc se tant fatiguer le moral et tant travailler.

Puisque nous restons dans un trou après la mort, vivons alors comme les animaux, en ne faisant guère de plus qu'eux, nous serons plus heureux ce me semble.

Ah! la lumière! apportez-là vite. Nous n'en eûmes jamais autant besoin qu'à cette heure, tandis que c'est une tâche que nous remplissons. Preuve, si on regarde l'humanité pêle-mêle, on reconnaîtra que les hommes, quelle que soit leur position, leur carrière et leur vie sont, — dès leur naissance jusqu'à leur mort, — toujours en ébullition pour leur tâche à remplir aux enfers ; même le langoureux qui vit de repos, attend avec impatience le lendemain.

EULALIE-HORTENSE JOUSSELIN

Remarque. — Il n'y a pas un siècle qui ressemble à l'autre car ce sont les humains qui font les siècles ? Notre siècle est le siècle du progrès, dit-on, je crois que ce progrès mène les hommes a leur fin, vu qu'ils ont assez vécu.

Le globe qui est plus âgé que les hommes a assez vécu aussi ; mais, ne tremblons pas, nous avons encore de belles années à passer aux enfers, et la marche du mal peut avancer sans crainte. . . . .

. . . .

VII

HOMME, SOUVIENS-TOI

Pourquoi oublions-nous les existences que nous passons ici-bas ? N'avons-nous pas des périodes, de notre vie, que nous oublions complètement, ou du moins cela nous semble comme un vague nuage qui est emporté par le tourbillon des tempêtes, et nous ne nous rappelons, et encore vaguement, que des heures mémorables de notre existence.

Lorsque nous avons fini de lire un volume, que gardons-nous en notre mémoire, après notre lecture ? Tout !... et rien !...

Eh quoi, qu'entendons-nous de toutes parts ; voyez, ceux-là qui s'écrient en disant : Moi ! je me rappelle tout mon passé depuis ma naissance. Quelle hardiesse de parler ainsi ! quelle prétention, grand Dieu ! mais n'anticipons pas sur ce sujet, et laissons ces derniers dans leurs souvenirs inouïs.

Homme, à toi je m'adresse. Tu as trente ans, n'est-ce pas ? Eh bien ! peux-tu te souvenir, à l'instant même, minute par minute, de toutes les heures de ta vie écoulée ? .

Pour faire cela, il te faudrait retourner en arrière depuis ta nativité ; il faudrait encore que trente années à la fois, sans que tu oublies une minute, passent instantanément en ton esprit, peux-tu faire cela ? Vraiment non. La mémoire de l'homme est grande, inouïe, mais relativement elle n'est rien ! et ne contient pas plus de souvenirs du passé, que le trou d'une aiguille ne contient de laine.

Vous qui avez tant de mémoire, vous souvenez-vous de l'endroit qui vous vit naître, et des douleurs que votre apparition sur le globe des naissances fit endurer à la femme qui vous donna le jour. Cette femme ! n'a-t-elle pas elle-même oublié ces maux-là ? Vous rappelez-vous de ses chagrins, des larmes qui alors coulèrent de ses yeux et des joies qui envahirent son âme ? puis, des baisers qu'elle vous donna.

Vous souvenez-vous des souffrances que les heures des premières années vous firent endurer aux enfers? puisque l'homme, dès qu'il voit le jour, est appelé à souffrir dans la vallée malade.

Ce ne serait donc que depuis l'âge de trois ou quatre ans, lorsque vous cherchez à vous remémorer les espiègleries des plus belles heures de votre vie que vous pouvez percevoir quelques impressions éphémères de votre enfance ; vous oubliez aussi vite les nuits calmes de votre sommeil, les rêves agités, les songes pleins de joies ; de quelle manière alors, rafraîchissez-vous votre mémoire des existences que vous avez passées sur la terre, puisque même, vous n'avez plus souvenance de votre dernière entrée en ce monde.

Pourtant vous existiez !

Remarque. — Comment voulez-vous que l'âme, la pensée et le cerveau puissent traîner tant de souvenirs avec eux; il est clair que l'âme oublie sa vie nuitale (1) comme la pensée et le cerveau oublient leur vie journale (2) autrement, ils tomberaient écrasés sous le volume des souvenirs. . . . .

. . . .

Le plus heureux des hommes comme le plus malheureux éprouve, pour s'en aller plus vite

(1) Son sommeil.
(2) Le jour.

vers l'Outre-terre, sans cesse la même anxiété, qui est la poussée sans arrêt ou pour mieux dire : l'ennemi et l'ami qui vit en nous, et qui jamais n'abandonne ses créatures. Le voyez-vous se cramponner après tous les peuples, les réjouir, les torturer, et tour à tour les faire tantôt riches et tantôt pauvres ; il faut reconnaître ici que jamais nous n'eûmes la pensée de nous débarrasser de cet allié que nous appelons à notre secours et que nous redoutons à la fois ! Pourtant, cet allié est le tourment qui nous ronge et, par sa faute, l'homme qui se croit heureux sur la terre y souffre horriblement.

Il y eut pourtant des hommes qui ne voulurent pas de l'enfer du globe furieux, et qui allèrent plus bas encore chercher un enfer moins cuisant que celui-ci ; mais arrêtons-nous un moment de parler pour écouter leur défaite.

VIII

LE GOUFFRE EXTERMINATEUR

Vous, aveugles vrais, en rêvant au tombeau (1), vous aviez prétendu défricher la Planète fu-

(1) Au fond de la terre.

rieuse ; qu'avez-vous vu, dans ce tombeau ? La mort !

Mais, vous ne mourûtes pas !

Vous avez cru trouver là un enfer moins cuisant qu'ici. La chaîne flamboyante de la vallée en feu vous fatiguait, vous aviez peur d'elle. Mais quand vous vîtes la mort qui était au fond du gouffre, on vous entendit lui demander grâce, et l'on vous vit reparaître tête basse, vous étiez battus, assommés, puis, en vous courbant de nouveau sous la verge inflexible pour reprendre, après tant de vains efforts, la chaîne qui est sans pardon, et, en la maudissant, vous poussiez le cri désespéré qui est connu de tous : Ah providence... sauve nous !

IX

HOMME, VOIS ICI LES BESOINS QUI T'ACCABLENT

Homme, ne vois-tu pas que tu es attaché secrètement comme si tu étais cloué là, où que tu sois, tu es rivé à cette chaîne sans fin qui te pourchasse sans relais ; tous les fardeaux de l'univers seraient moins lourds à porter car ils te laisseraient un moment de répit ; mais la chaîne qu'il te faut

toujours traîner avec toi t'extermine sans arrêt,
ou si tu aimes mieux : Tu es dévoré, harcelé,
mutilé, haché, etc., par les envies qui te consument lentement. Douterais-tu encore de ta chaîne.
Pendant ta pénible vie, en éprouves-tu des besoins de toute nature ? Tes désirs sont sans fin,
sans but ni raison ; que tu sois homme de plaisir,
de douleur ou de travail, riche ou pauvre, tu es
quand même, par tous les besoins qui t'accablent
poursuivi sans trêve.

Car je le dis, tu n'es rien autre qu'un esclave ! Enfer, comme tu remplis bien ton rôle,
et l'homme, cet aveugle, ne le sent même pas.
Vois pourtant comme il presse de sa main son
cœur, et il sent son corps sursauter et bondir
à la fois, et de crainte et de plaisir, et d'angoisse et d'envie tellement le volcan enflammé
dévore sa fange (1) électrisée. O ! homme ! que
tu es donc à plaindre ! regarde un instant l'enfer, et vois comme il rit de toi et tu te crois son
maître ! Mais pourquoi verses-tu tout à coup tant
de larmes et, puisque tu ne connais pas tes douleurs, arrête tes pleurs pour rire. Et puis,
n'est-ce pas la chaîne que chacun porte que tu
traînes. Alors console-toi avec cela ! Aussi, je
puis dire ici les mots qui viennent en moi, si les

_____

(1) Son corps.

beaux jours de l'année sont longs, les beaux jours
de la vie sont courts.

X

IL DANSERA DE BONHEUR AUJOURD'HUI.
IL SAUTERA DE DOULEUR DEMAIN

Toujours la chaîne.

Oh alliée ! trop fidèle ! Tu nous donnes aujourd'hui l'espérance, mais, demain, que nous don-
neras-tu ? Ah ! tu nous donneras le désespoir, la
torture. Ah ! demain !... sera peut-être aussi
long qu'un siècle, et la journée qui le suivra,
sera encore l'espérance ou le désespoir, et ainsi
de suite, jusqu'à la fin de nos vieilles journées ;
car, si aujourd'hui l'alliée nous montre un rayon
de sa lumière, elle nous fera descendre demain
plus avant encore dans les cavités de son noir
sépulcre. Comme preuve de cette vérité, considérons cet homme pauvre, aujourd'hui, il sera in-
supportable à lui-même, c'est-à-dire, il est an-
xieux et triste, il gesticule et maudit à la fois
son sort. Et hier? ma foi, il était tout gai à
l'entendre, il devait faire un héritage, car hier
tout lui semblait beau, il riait, chantait et dan-

sait ; mais venez demain l'admirer encore, vous
trouverez en son enveloppe un autre homme
qu'aujourd'hui. Baste !... n'est-ce pas ainsi que
nous sommes tous !

Cette chaîne que nous traînons pendant notre
vie, qui rend l'homme tour à tour ou fou de
plaisir et de richesse, d'angoisse et de misère :
c'est l'envie de vieillir ! Toutefois, ceux qui tiennent à leur jeunesse, demandent comme les autres qui veulent vieillir sans savoir pourquoi...
toujours demain !...

Enfin vieillir, et vieillir encore.

Car je le dis, c'est la première nécessité que
l'homme éprouve ici-bas, puisque l'enfant qui
vient de naître attend déjà, avec impatience,
ses besoins nécessaires. L'envie de vieillir prend
graduellement des proportions sur lui, sa force
devient si puissante dans la peine comme dans
la joie qu'elle finit par être sa pensée unique, sa
vie !..

Si l'homme n'éprouvait pas l'envie de vieillir,
il serait aussi paresseux qu'une couleuvre, et il
n'y aurait en lui, ni vices ni passions.

Car je le dis, plus l'homme est fougueux, plus
il désire demain ; si celui-ci est malheureux aujourd'hui, il espère que demain le rendra plus
heureux ; si celui-là est dans la prospérité aujour-
d'hui, il espère que le lendemain couvrira son
passage de lauriers, car il espère encore.

EULALIE-HORTENSE JOUSSELIN

Pourtant, ce besoin qu'on a d'avancer dans les ans n'est point pour la vie matérielle ni pour notre conservation aux enfers. Il faut avouer sans honte, qu'il serait d'un ridicule achevé, de demander à outrance qu'il se forme des rides sur notre visage, et que notre crâne se dénude ou que nos cheveux blanchissent.

J'en appelle ici aux sceptiques et aux athées ; quand ces derniers se plongent dans des pensées mystérieuses, ils éprouvent alors (à l'exemple de tout le monde), comme un saisissement de bonheur et de joies en leurs rêves d'avenirs, ainsi en est-il du vieillard perclus, qui, pourtant, doit être sans espérances. Eh bien, je le dis, ces instants d'espérances qu'il ressent, font de lui un bienheureux, car il espère que demain lui apportera le bonheur et sa santé perdue ; cela annonce que l'âme a toujours le même âge, par cette preuve que, le vieillard ne fait point de préparatifs pour mourir, car, sans s'arrêter sur ses pensées mystérieuses, il sait qu'il ne mourra jamais !

Je le dis, plus on vieillit plus on sait qu'on ne meurt pas, et ce sont ceux qui sont convaincus que l'âme vit toujours, qui se prépare le mieux pour quitter la vallée mortelle.

Ce n'est pas pour la félicité de la terre que l'agonisant espère jusqu'à l'heure suprême ? Même la voix qui parle en lui, lui crie : Tu ne

mourras jamais ! tant d'illusions sont pour
l'Outre-terre, mais il l'ignore ; tout le lui prouve
et l'avertit, mais il ferme les oreilles en ces
instants consolateurs. Oh ! pourrait-il croire que
c'est pour les jouissances terrestres qu'il éprouve
de ces sensations mystérieuses, de ces besoins
de toujours courir plus vite que l'éclair, de ces
moments d'espérances si doux qui lui font
supporter tant de maux aux enfers.

Je le dis, sans nous en douter, nous sommes
des aspirants à une Planète meilleure que la nôtre, mais, ne voulant pas nous avouer vaincus,
nous ne voulons pas non plus jeter les yeux
sur ce qui concerne notre chétive personne.

Ne serait-ce pas ridicule de chercher pour
trouver et chimère et badinage, alors, il n'y
aurait ni Dieu ni destin. Cette espérance en
l'avenir qu'on nous chante si fort n'est point
pour l'espérance d'une vie meilleure dans notre
vallée mortelle, oh ! jamais ! aussi, on a raison
de chanter cette attente en l'avenir, en ces
paroles de Scribes qui sont vraies ;

> Sans espérance en l'avenir,
> Sans espérance, mieux vaut mourir

Scribe, sans le savoir, a dit, en ces beaux vers
la plus grande vérité : ces paroles ne nous trans-
portent-elles pas dans les Planètes Rocheuses

où règne l'espérance qui nous attend pour toujours et, si nous désirons vieillir, c'est pour
jouir de ce bonheur ; mais non pas pour le plaisir
de voir notre corps se ruiner, de regarder tomber et blanchir notre vieille crinière, et d'admirer
ensuite notre vieille loque de corps qui, hélas !
enveloppe toute la vieillerie et, si nous voulons
que la vieille loque de corps soit propre, il nous
faut la laver comme un paquet de linge sale.

XI

LES NUAGES ÉTAIENT LA !

Si parfois l'on se sent endormi par le bien-être,
c'est pour mieux se réveiller ensuite, et pour être
plus fort après le réveil, ces instants sont faits
pour mettre une somme de plus à notre lourde
croix. Et sans cesse nous entendons en nous la
même voix crier : « Tu dois souffrir aux enfers ».
Alors, on voit dans son enchaînement, le drame
de sa vie sortir de son sein, souvenons-nous.

Quand, en nos moments d'illusions nous rê-
vions à l'avenir, il apparaissait à nos regards
une voûte pure et azurée. Mais c'était comme

un avertissement du Grand Maître, car alors,
cette voûte pure et azurée s'emplissait de nuages qui nous montraient le tableau de notre
destin tracé.

Elles étaient là les roses pleines d'épines que
nous devions cueillir, ainsi que les gouffres
qu'il nous fallait enjamber et les gloires qui
nous attendaient. Cherchons bien en notre mémoire, nous verrons encore le tableau vivant
que je viens de tracer, nous nous souviendrons
d'avoir déjà vécu, et nous nous trouverons im-
mortels. Convenons ici de cette réalité.

Quand nous visitons la première fois une con-
trée, les beautés qu'elle renferme ne nous éton-
neront point, car il nous semble que déjà, nous
avons vu ces lieux et que nous connaissons les
habitants et les habitudes.

Je le dis, nous avons vécu dans une autre
vie sur ce territoire, sans cela, nous serions plus
étonnés et plus ravis dans nos contemplations :
quand nous lisons des faits héroïques d'autrefois notre cœur bat alors, car il se rappelle,
mais vaguement, avoir vu ces temps antérieurs,
(d'une autre part, l'infaculté (1) de notre mémoire nous fait oublier tout).

Mais ne croyons pas que c'est le terroir qui
fait le tempérament des hommes ainsi qu'on le

_____

(1) Le défaut de mémoire.

prétend ; il n'y a pas d'époque aussi reculée qu'on
connaisse qu'un pays ait eu le don de compléter
un des sujets qu'il vit naître, tandis que, contrairement à toutes les époques, les sujets cons-
tituèrent les pays à leur façon ; aussi, de l'est à
l'ouest, du nord au sud, on rencontre des braves
et des lâches, des petits et des grands hommes,
des rampants et des hommes fiers qui savourent
comme ils peuvent l'indépendance, car c'est la
nature qui fait les hommes et non le climat qui
les vit naître.

XII

L'ENFANT VIEILLARD

Lorsqu'un enfant vient de naître, n'a-t-il pas
l'air d'un petit vieux tout ratatiné ? Ses poings
sont fermés d'avance prêts pour combattre les
périls de la vie. Et sa pauvre petite figure
qui est pleine de rides, paraît avoir déjà soixante
ans. Le pauvre petit vieux est même né sans
cheveux, sans dents, sans la lumière, sans
l'ouïe, et, lorsque sa surdité est passée, il entend
aussi clair que l'homme qui est dans son dé-
clin.

EULALIE-HORTENSE JOUSSELIN

Dans l'adolescence le somme il s'alourdit, mais, en prenant des années il s'allège et, graduellement, redevient ce qu'il était à la naissance de son maître (1). Et, si le petit vieux atteint l'âge caduc, eh bien ! le petit vieux s'en retourne vers l'Outre-terre comme il est venu ici, c'est-à-dire sans qu'il ait besoin de perruquier pour friser son crâme dénudé, de dentiste pour la conservation de son ratelier qu'il n'a plus, d'oculiste pour donner la lumière à ses yeux éteints, d'auriculaire pour recouvrer sa surdité. Ajoutons que divers vieillards ont parfois les mêmes besoins que l'enfant, et demandent autant de soins que lui. Ces premiers appellent de la même manière que l'enfant quand il appelle sa mère, ceux qui secourent leur vieillesse.

Conclusion. — Si l'homme en naissant est déjà vieux, c'est parce qu'il n'y a que son corps qui monte et descend, grandit et rapetisse, embellit et enlaidit, c'est bien ce va et vient du corps qui laisse à ce dernier sa puissance sur l'âme de l'enfant et sur l'âme du vieillard quand le petit vieux est retombé en enfance, et, ce n'est que quand le corps a fait sa croissance que l'homme est tout à fait un homme, vu que le cerveau croît en même temps que le corps. Mais si le cer-

(1) De l'homme.

EULALIE-HORTENSE JOUSSELIN

veau ne faisait pas sa croissance avec le corps ;
je veux dire, si le cerveau était comme l'âme
— laquelle a toujours le même âge — l'homme
en venant au monde serait mûr. Le petit vieux
n'est-il pas dès sa nativité aussi exigeant que
l'homme ? seulement, son cerveau croissant avec
le corps, voilà pourquoi ses sentations paraissent enfantines. Il sait, par tous ses besoins,
se faire comprendre aussi bien que l'homme ; ne
sait-il pas quand il est bien atourné ? n'éprouve-
t-il pas des joies et des douleurs ? Il pense et il
rêve. Quand il dort, il fait comme ses aînés des
songes pleins d'illusions, et aussi des songes
pleins de terreur. L'enfant alors s'éveille en
criant et, dans son gazouillement, il appelle sa
mère, se cache dans ses bras quand elle le tient
sur son sein, pour le consoler. D'autres fois, il
s'éveille heureux comme un ange, s'il avait des
ailes en ces moments, il prendrait son vol
comme l'oiseau de l'air, et se dirigerait par le
chemin qui conduit vers la voûte céleste.

. . . .

Remarque. — Quand le cerveau atteint,
graduellement, en vieillissant le même degré de
faiblesse qu'il avait en venant au monde, c'est
alors que l'homme redevient en enfance ; pourtant, il y a des cerveaux vieux qui ne descendent pas au degré de faiblesse qu'ils avaient

quand ils naquirent, vu qu'ils sont toujours
lucides. . . . .
. . . .

XIII

AVEUGLES ENDORMIS, RÉVEILLEZ-VOUS !

Réveillez-vous humains ! n'êtes-vous pas tous
jeunes ? sortez de votre engourdissement, et,
entendez-moi.

Déchirons le bandeau qui nous ôte la lumière,
et nous nous rappellerons que notre âme se réveille, comme se réveille la nature au printemps,
laquelle, après avoir donné à son maitre (1) son
manteau diamanté de givre va alors réapparaî-
tre vierge ; cette vierge, sera plus coquette, et
plus prospère qu'avant son sommeil. Hélas !
elle est pourtant jolie et bonne, et jamais n'a
fait de mal, et elle va être frappée aussi injus-
tement que l'homme, par les colères de la voûte
céleste. O ! père exterminateur ! en frappant
la vierge (la nature) que fais-tu ?

Reconnaissons partout la volonté du Grand-

(1) A Dieu.

Maître (1), sa puissante main laisse où elle passe
un sillon de merveilles ; nous tous, nous avons vu
les chefs-d'œuvre de l'hiver ; le givre à nos vitres,
le givre qui est partout, ! Eh bien ! c'est la peinture du Père Créateur et sa décoration prisma-
tique et ornementale. O homme ! peux-tu en
faire autant ? Au lieu que la nature soit verte et
chaude, elle est blanche et glaciale, certes, en
ces moments, elle est poétique, belle, magis-
trale et ténébreuse : car le calme qui existe en
ces temps de neige, ce silence qui emplit l'âme
de sentations mystérieuses a quelque chose de
grand, d'imposant et de majestueux, et l'homme
devant cette grandeur, a besoin de se recueillir,
de respecter et de craindre ; car l'écho, ce grand
et illustre anachorète, semble lui crier : « Je suis
le maître des hommes et de la terre, à genoux,
incline-toi ! devant la végétation qui dort du
sommeil léthargique ! » et qui va se réveiller
plus florissante encore.

Quand la terre se revêt de son plus pur manteau diamanté, on dirait qu'elle s'empare pour
ne plus se réveiller, aux enfers, du long sommeil qui la fera revivre ailleurs.

La nature a besoin de se reposer comme
l'homme, et le sommeil la réconforte de la
même manière, voilà pourquoi ils n'ont point
besoin d'aliments quand ils dorment.

(1) De Dieu.

Quel mystère que cette jeune fille quand elle se dépouille de son manteau vert et chaud pour en prendre un autre blanc et glacial, Grand Maître ! c'est ton mystère !

Mais maintenant que la jeune fille est allégée de sa famille qu'elle a enfantée, elle n'est plus vierge ! elle est fatiguée ! car elle va concevoir encore, et le temps de sa portée elle reprendra son sommeil habituel.

Son maître (1), pour un instant, va la parer de bijoux (le givre) qu'elle portera, malgré sa mort périodique, avec majesté, puis ensuite, ses flancs rajeunis enfanteront toutes ses familles, et alors, sa tête enfantine sera plus belle encore.

L'hiver a ses brillants qui sont plus beaux que les diamants de la cour, ornements inviolables, et qui sont aussi chastes que la fleur des champs ; qu'y a-t-il de plus joli que cet épanouissement champêtre ? c'est la beauté céleste, c'est la jeune fille qui s'effraye à l'approche des mains impures. C'est la vierge simple, naïve, qui, dans sa candeur innocente, se cache aux regards inconstants ; elle ne se montre pas comme le fait sa rivale (je veux dire la corolle aux jardins et aux palais), rivale traîtresse et impure, paresseuse, éclatante et menteuse, qui

(1) Dieu.

EULALIE-HORTENSE JOUSSELIN

charme, et attire à la fois les baisers vers elle ; mais elle fait payer trop cher ses baisers entrainants, car, si l'on veut avoir longtemps son sourire, il faut que l'on s'occupe toujours d'elle, et, si trop longtemps à ses côtés l'on dort, la coquette tue sans regret son compagnon qui sommeille. Mais toi, fleur des champs, et toi, fleur des bois, le bras de l'homme ne te souille point, c'est la main du Grand Maître qui te posa là sans te toucher. Oh ! n'es-tu pas parfaite ?... Oui ! tu es parfaite ! car à côté de ta modeste pudeur on peut se reposer longtemps, puis renaître ensuite sans mourir ! Et l'on t'arrache parfois de ta chaste demeure, et l'on te met en cage comme on y met le pauvre oiseau. Mais qu'avez-vous donc fait aux hommes, vous qui êtes, par leur faute, esclaves ici-bas ? Oh !. dans la vallée injuste, tout n'est qu'erreur et cruauté... (Ne coupons pas les fleurs, cela les fait souffrir, et puis, elles sont plus belles en leur demeure ; laissons-les mourir tranquille puisqu'elles n'ont qu'un jour à vivre).

Ce n'est pas toi ma toute belle, malgré ta chaste vertu, qui fus choisie par l'homme pour embellir son poétique langage ; il s'attacha de préférence à ces dames princières et échevelées, qui se font admirer, car elles sont orgueilleuses. Mais toi, tu n'étales pas ton luxe, tu nais et tu crois sans éclat. dans les bois, au milieu de la poétique nature, personne ne t'a admirée ni aimée. Tu es née vierge et tu meurs vierge, tu as vécu avec le rossignol, dont les notes de son chant qui sont justes charment encore le lieu de ta retraite. Rossignol, ton gazouillement et tes roulades égayent les chastes fleurs des solitudes qui ont choisi pour apparaître dans leur verdure les jours suaves de l'année. Vierge des bois, que tu es bonne, tu veux raviver le vieillard et réjouir le petit enfant; ne m'en veux pas de te dire la vérité, ta sœur, la fleur des champs, je la préfère encore à toi, qu'elle est belle dans sa simplicité ! Vous toutes ! vous êtes la naïade qui vit près des ruisseaux, déesse chaste et craintive ; vous vous cachez des mains des hardis ravisseurs.

Pour l'emblème de la chasteté, l'homme remarqua, Madame ta rivale quoiqu'étant altérée, entachée, et il te laissa toi, jeune fille intacte, sage et sans apprêt, pour enlever la folle des plaisirs, la folle qui fera sa ruine, et que lui importe, puisqu'il la croit jolie !

Oh ! erreurs humaines ! oh ! vanité ! l'homme aime trop ce qui brille ; aussi, pour le symbole de la pureté, il prit la fleur de lys, corolle qui fut souillée de sa main, car, entends-moi bien, fleur vierge, en la regardant de son sourire amoureux, auxquels l'admirée répondit, il la vit plus coquette que toi, il la crut plus jolie aussi.

Et, n'est-ce pas du lys qu'autrefois l'on se
servait pour marquer l'épaule des criminels !
ai-je bien dit, ou me suis-je trompée ? Ne serait-
ce pas plutôt le lys des vallées qui servait à cet
usage ! Fleur suave, pardonne à l'homme, il ne
sait pas toujours ce qu'il fait ! toi... si fière !...
garde ta dignité !... ne t'abandonne pas aux
baisers impurs, ne sois pas jalouse de tes rivales, car les mains impures prendraient ton angé-
lique beauté.

Morale. — Homme, toi qui es le grand de la
terre, que fais-tu ? Pourquoi abuses-tu de tes
pouvoirs ? Pourquoi contraries-tu la nature ? Et
pourquoi mets-tu les petits oiseaux en prison ?
Alors, aimes-tu les petits enfants ?

Tu n'aimes pas l'automne, les feuilles mortes.
Tu n'aimes pas l'hiver, la neige, le givre, pourtant, ce sont les chefs-d'œuvre du Grand Maître ! Ne sont-ils pas plus imposants que la verdure ! alors, aimes-tu les vieillards ?

Homme, tu n'aimes pas l'orage, la tempête, ni
ses sons lugubres... alors, es-tu ferme devant le
péril. Homme, tu n'es pas aussi grand que je le
croyais. . . . .

. . . .

XIV

ROSE, C'EST TOI QUI FAIS MOURIR

Rose, es-tu bien l'insigne de l'amitié et de l'amour ?

Si tu es entre tes parentes la plus jolie et la plus coquette, n'es-tu pas aussi la plus volage ! Voyez la belle tête de la rose, quand elle se penche amoureusement pour appeler un baiser sur ses lèvres,(la fleur s'incline toujours du côté de la lumière solaire), et dès qu'elle a votre baiser, elle ne veut plus de vous... elle s'envole ! Pressez sur vos lèvres sa belle encolure, l'ornement de sa jolie tête, son corps sur le vôtre, ah ! la coquette alors n'est plus qu'un piquant prêt à vous arracher l'âme, et son corps devient sec comme du roc.

Homme, si ton amitié et ton amour ressemblent à celui de la rose, retirons ces mots de toutes les langues (amour et amitié), qui sortent si facilement de toutes les lèvres. Ils choquent nos oreilles. Rien ne doit être aussi franc, aussi pur, aussi dévoué que l'amitié et l'amour.

Amour! on meurt à cause de toi, tandis que la

rose ne meurt pas de douleur, c'est elle qui fait mourir !

XV

A LA TERRE, NOTRE MÈRE, NOUS DEVONS NOTRE CORPS ; AU GRAND MAITRE, NOTRE PÈRE, NOUS DEVONS NOTRE AME.

Venant de rendre hommage au Grand Maître, n'oublions pas ici l'œuvre de l'homme : la culture, et défendons nos aïeux en rendant hommage à leur grandeur. Si on nous demandait, quel est le plus noble labeur ? Répondons tous avec orgueil : « C'est celui du laboureur ! » que ceux qui nourrissent notre mère, la terre, soient bénis sur l'heure ! sans eux, que ferions-nous ? il faudrait mourir ! Les laboureurs sont nos maîtres, nos pères si vous aimez mieux car, à quoi servirait notre or, s'il n'y avait pas le laboureur ?

Entendez au passage la réflexion que fit un jour un lettré (Taine) à l'un de ses amis, sur des paysans qu'il voyait, et dont il riait de la simplicité. « Je voudrais bien savoir disait-il à son ami, ce qui se passe dans ces cerveaux obscurs : »

Je crois que cet homme aurait mieux fait de dire :
« Je voudrais bien savoir, ce qui se passerait
dans mon cerveau s'il était resté obscur ».

La vie du laboureur n'est qu'une chaîne de
supplices : ses nuits se passent dans une torture égale aux nuits du meurtrier repentant. Le
temps, qui est infatigable et capricieux, occupe
ses pensées tout entières, c · il porte sous ses
ailes inépuisables, ou sa fortune, ou sa ruine.

La nuit, quant il s'éveille, il sort de sa couche
pour voir le temps ; le matin, avant de s'habiller,
il regarde le temps, avant de se mettre à table,
et entre chaque bouchée qu'il prend, il s'in-
quiète si le temps restera beau ou laid ; enfin,
ses regards ne sont que pour les nuages ou pour
la terre, et il pense toujours à la ruine de
Job.

Sa culture serait le champ de roses sans épines. si elle n'était pas plantée au milieu du volcan en ébullition.

Hier, le laboureur était riche, aujourd'hui il
est pauvre, et demain il sera chassé de son toit,
parce que le Grand Maître, dans une heure fatale,
a englouti sa fière et coquette moisson. Oh ! si
vous l'aviez vue avant la colère du Grand Maître ! comme elle était jolie ! Il y a une heure,
elle était riche ! il y a une heure elle bravait
encore les intempéries ! mais, si vous l'aviez vue

quelques instants plus tard, vous ne l'auriez plus reconnue. O! comme elle se débattait alors, échevelée, avec son terrible ennemi. O! comme elle lui demandait grâce! puis, elle se redressa encore, haletante, courroucée, affolée, car elle ne voulait pas mourir; mais c'était son dernier et suprème effort! il fallait qu'elle succombe!

Son père, le laboureur, était là, il la regardait, la figure en larmes et, en voulant étouffer sa douleur, il sanglotait de désespoir, il priait, et maudissait tour à tour, et le père exterminateur, et la tempête qui lui enlevaient tout! quand, subitement, il vit sa moisson se coucher pêle-mêle, elle était épuisée, mourante, car hélas! elle agonisait sous le poids du châtiment, et son père, le laboureur, était perdu!

Pauvre et riche laboureur à la fois, tu tiens dans tes bras et la manne quotidienne des hommes, et la fortune du globe capricieux; et le globe capricieux, dans sa colère entière prend ce que tu possèdes! maintenant tu n'as plus rien!... Pourtant, dans ta simplicité, tu es le plus grand de la terre. C'est toi qui es son ange gardien, de plus, c'est toi qui nous revêt, c'est toi qui nous nourrit. Aussi, laboureur, nous te vénérons, et, en te vénérant, nous respectons nos aïeux, n'étaient-ils pas des laboureurs?

XVI

LE FEUILLET SENTENCIER

Chacun reçoit le jour à une heure funeste ou prospère ; il y a même des heures, des jours fatals et heureux. Par exemple, venir au monde dès l'aurore, n'est-ce pas plutôt l'indice du bonheur ? Mais, entre minuit et une heure, l'heure du crime ! n'est-elle pas néfaste à certains mois et à certains jours ? (cette heure est mauvaise), que n'a-t-on la faculté de pouvoir conjurer tous les périls ? Quant aux gens insignifiants, leur vie, généralement, se trouve en harmonie avec leur tempérament. La gloire et les malheurs frappent plutôt l'homme fort et supérieur. Une grande âme, peut contenir plus de souffrances qu'une petite, a dit un écrivain. Certes, les fatalités et les prospérités viennent du destin. Si on fuit ce qu'on ne veut pas faire, on court après ce qu'on veut faire, mais, arrive-t-on à ses désirs ? On sent une force invincible qui chasse comme avec la main, dans l'abîme des malheurs ou des gloires qui nous attendent, on a tant d'avertissements, en soi ; mais, rien n'arrête les événements ni la marche des hommes, tout s'accomplit avec une fatalité aveugle. Il n'y a ni fermeté de caractère, ni volonté

EULALIE-HORTENSE JOUSSELIN

qui puissent retenir. Il faut faillir, c'est le feuillet écrit, Napoléon Iᵉʳ avait raison de dire :

Ne croyez pas que c'est le plomb qui tue
C'est le destin qui frappe et fait mourir.

Remarque. — Cependant on entend dire partout : on apprend tout aux hommes, la vertu, l'honneur, sans cela ils seraient tous criminels.

Retranchons les mots : tous criminels, il y a toujours des exceptions, ne sommes-nous pas à la même école pour savoir que la vie folle ou sage de l'homme dépend de la force de son caractère. Il y eut des hommes qui grandirent sans guide et qu'on ne put jamais corrompre, d'autres, quoiqu'ayant été entourés des meilleurs soins, et ayant reçu les conseils les plus sages, terminèrent leur vie soit aux travaux forcés ou montèrent à la colleretta (la guillotine).

C'est le feuillet sentencier dira-t-on, c'est vrai, mais, ne peut-on pas être plus fort que le feuillet écrit ? Nous verrons cela plus loin : pour le moment, cessons un instant notre sujet pour entendre la morale qui suit....................
....

Vous, parents, quand vous corrigez votre enfant, que corrigez-vous, sont-ce ses défauts ou son caractère ? alors, l'enfant a le droit de vous répondre : « Pourquoi chers parents m'avez-vous créé ainsi ? » si ce sont ses défauts, c'est

autre chose, votre devoir vous oblige de conduire votre enfant dans la voie du travail et de
l'honneur. Mais, ne cherchez pas à vouloir changer le caractère de votre petit, vous en feriez un
martyr aux enfers ; laissez-lui la liberté de se
conduire dans sa petite vie privée tout à sa guise.
Laissez-le rêver, pleurer, chanter, jouer et rire,
c'est sa santé, c'est sa vie.

L'enfant, aussi petit qu'il soit, a besoin d'épancher ses petits chagrins et ses petites joies ;
mais il ne peut faire autre chose que ce que la
nature lui a donné. Ne sommes-nous pas de
même ? n'avons-nous pas des moments joyeux et
tristes ? et nous voulons empêcher à notre enfant de nous ressembler, et peut-être, que, nous
laissons croître en lui des défauts que nous ne
voyons pas ! Il ne faut pas croire qu'on puisse
faire un sage d'un étourdi et réciproquement
d'un étourdi un sage. Malheur aux parents aveugles, qui ne contemplent en leurs enfants que
des qualités, quand, le plus souvent, ce sont des
défauts qu'ils devraient voir et réprimander.
Élevons d'abord nos enfants dans des sentiments
respectueux, dans le travail et dans l'espoir
d'une vie meilleure après nos jours.

L'enfant doit être bercé dans ces sentiments,
car, devenu homme, il se rappelle ses premières
années, et en garde les meilleurs souvenirs ;
quant aux êtres pervers, il faudrait, pour les

4

empêcher de faire le mal, la crainte d'un Dieu, et encore, le nombre d'hommes qui se perdent est incalculable, je viens de le dire.

Croyez-moi : on n'est jamais blâmé de bien faire envers ses enfants et l'on peut regretter plus tard de n'avoir pas bien fait, car, une négligence à leur égard peut causer tort à leur position puisque c'est pour d'autres que nous les élevons, nos pères n'en ont-ils pas fait autant pour nous ?

XVII

HOMME, SOIS AUSSI FORT QUE LE SAGE

Homme, tu as devant toi deux chemins tracés ; mais comment les comprend-on ?

Par exemple, est-on libre de voler et de massacrer autrui ? Nous ne sommes les maîtres de rien ! ou, pour mieux dire, nous sommes toujours les maîtres de faire ce que nous pouvons, mais jamais ce que nous voulons. *Preuve* : il y a des gens riches qui ont la monomanie du vol, et, sans qu'ils puissent s'en défendre dérobent tout ce qu'ils peuvent sur leur passage (1).

(1) Quand on parle de la destinée, certaines gens répondent crânement : moi, demain, si je veux, je serai libertin,

Nous pouvons donc crier hautement : Heureux l'homme qui est né scrupuleusement honnête ; que ce privilégié remercie à genoux le Grand Maître de cette belle fortune : qui est l'honneur dont il l'a favorisé ; mais qu'il n'aille pas s'en vanter ni rire de ceux qui s'égarent. Se moquer de ses semblables n'annonce rien de bon, et n'est pas d'un grand esprit.

Si l'on demandait à celui qui rit de son prochain pourquoi ris-tu ? il ne saurait quoi répondre ; qui dit que demain ne fera pas couler des paupières de cet insensé des larmes de sang.

Je le dis, on a toujours le temps de se moquer

voleur, assassin, etc. En forçant le destin et la nature on peut tout faire, et, même en parlant à rebours du bon sens, on est toujours dans le vrai, car, si en cet instant, il me plaisait de me mettre en voyage, personne que je sache, s'il ne m'arrive point d'empêchements, ne peut arrêter ma volonté, et je ferai un voyage heureux, s'il ne m'arrive pas de malheurs en chemin. Je n'entrerai pas plus avant dans ces détails, pourtant, je ne puis m'abstenir d'ajouter que, s'il me plaisait de me jeter dans le vide du faîte d'un septième étage, personne ne pourrait me retenir, pas plus qu'on ne peut m'empêcher de voler autrui et de massacrer mes semblables ; mais hélas ! je suis forcée de dire que malgré mes pouvoirs, je ne puis outrepasser la limite qui est tracée par le Grand Maître, car je suis aujourd'hui ce que j'étais hier : mais, si j'avais pu outrepasser la limite qui est tracée par le Grand Maître, je ne serais peut-être pas aujourd'hui ce que j'étais hier.

d'autrui et, bien souvent l'on s'est trop moqué de lui, aussi, ne raillons jamais le premier, ou, pour mieux dire, ne raillons jamais nos semblables, ce serait nous égarer de notre ligne droite, gardons-nous bien de tout donner, pas tant de bonasserie ; car alors il ne reste plus rien en soi ni pour soi, et l'on n'est plus son maître ; sachons qu'il est des choses cachées que l'on porte que l'on doit savoir se réserver toujours ! qui donc pourrait donner un nom à cette faculté intérieure qui est en nous ? Quant à moi, je ne le saurais. Avant de rire d'autrui, rappelons-nous du sage ! il ne doute que de lui ; aussi, ne rit-il qu'avec crainte, et nous garderons le droit de répondre à tous les sots : (il y a pas mal de sots !)

J'ai cette avance sur vous, monsieur, — Quelle avance demandera le sot en question ? — Je n'ai jamais, que je me souvienne ri de mes semblables. Le sot baissera le crâne.

Morale. — Le sage a dit : ne jugez pas l'homme d'après ses paroles, mais bien d'après ses actions. Le sage a dit vrai : si on ne manque pas de trop parler, on manque toujours de bien dire. Voilà pourquoi je conclus que la parole c'est la silhouette du parleur ; mais l'action c'est l'homme ! (nos lèvres doivent être une tombe)! Nous ne serons pas réprimandé de n'avoir pas

trop parlé et nous regretterons toujours d'avoir
trop parlé comme d'avoir trop ri. . . . . .

. . . . . , ...

XVIII

LES QUATRE LIGNES

J'ai annoncé plus haut qu'il y avait devant
nous, deux chemins tracés. Erreur, ce sont quatre chemins, nous avons la route de l'honneur et
la route du crime, la route prospère et la route
impraticable. Mais j'ajouterai que beaucoup de
personnes n'ont pas le choix des chemins.

Un exemple, voilà deux jeunes hommes que
l'avenir attend, ils regardent en cet instant, la
ligne qu'ils doivent prendre. O bonheur !... l'un
des deux jeunes hommes sursaute tout à coup de
joie, car, à sa vue se présente un chemin couvert d'or et de palmes, alors, il sourit, il est heureux en pensant à demain, car il ne voit pas les
malheurs qui viendront le frapper : ces sour-
nois se cachent !

Remarque. — Si on connaissait l'avenir sans
qu'on ne puisse éviter les dangers, on en mour-

4.

rait d'appréhension, ou bien, on ne voudrait pas
y croire ; tandis que, tout arrive et s'accomplit,
(fortune et gloire, déceptions et malheurs), de
manière, à ce qu'on puisse les supporter ....

. . . .

L'autre jeune homme, ne voit, comme le premier, qu'une ligne aussi, mais cette ligne est
pleine de zigzags et d'épines sans roses. Oh ! les
coquettes se sont envolées et n'ont laissé que
leur piquant. Terrible ! terrible ! car cet homme
sera le roi de la misère ; mais, dites-moi, chaque
caste n'a-t-elle pas son roi dans la vallée moqueuse ? Chez le riche, c'est celui qui a le plus
d'or qui est le roi des riches. Chez le gueux, c'est
celui qui a le moins d'or qui est le roi des gueux,
et les catastrophes viennent frapper ce dernier,
comme elles frappent le riche.

D'autres, sont dans la balance, ces derniers
seraient-ils plus à plaindre que les premiers ? Les
quatre routes sont bien à leur vue, et le chemin
de l'honneur est à eux, c'est vrai, mais s'ils allaient s'égarer, que deviendraient-ils ? Et, mon
Dieu ! s'ils tombent dans la fausse route, ils ne
retrouveront jamais le bon endroit, car, la fortune, cette femme moqueuse (l'origine des quatre
routes) court toujours, et franchit d'un trait tous
les obstacles, sans même qu'on puisse l'atteindre.
Ne dirait-on pas qu'elle a des ailes pour voler ?
Si elle voltige une fois à notre porte, si alors, on

ne saisit pas l'inconstante au vol, à moins d'un miracle, et les miracles ne se voient point souvent, elle ne viendra pas deux fois visiter notre demeure.

La volage court toujours et, sans s'occuper des désastres qu'elle cause sur son chemin, on la voit rendre visite à ceux qui ne l'attendent pas même. Fortune, que tu es donc fantasque, sans toi, il n'y aurait point quatre chemins à franchir ; sans toi, il n'y aurait point d'égarés en ces chemins.

XIX

LA ROUTE INÉVITABLE

Faut-il se perdre en conjectures sur les fatalités qui nous frappent et crier : si j'avais fait ceci au lieu de cela, le malheur qui m'accable ne serait pas arrivé. Eh quoi ! pourquoi ne suivrais-je pas les conseils de cet homme qui, autrefois, me parlait bien ? Un conseil n'est pas toujours bon à suivre, cependant, n'aimant pas ses remontrances, nous fuyons l'avis du sage, et recevons de préférence les suggestions du fou.

Enfin, n'est-ce pas la plupart du temps l'opinion publique qui guide nos actions ? Et pourquoi ne pas suivre ce que nous dicte la conscience ? a force de luttes, ne pourrait-on pas sortir victorieux de l'épreuve. Dans le malheur et dans la prospérité, si on suivait les conseils d'autrui, les uns resteraient dans l'ornière, les autres y tomberaient.

Que l'homme agisse d'après la voix qui parle en lui, qu'il se laisse conduire par la main qui le guide ; malgré les obstacles, il bravera tout ! le mépris des uns, le sarcasme des autres, et ne s'en prendra qu'à lui sur sa destinée.

J'étais en train de dire que, si nous avions pris telle direction, cette voie ne se serait peut-être pas effondrée sous nos pas ? c'est vrai ! mais je le dis, il n'y a point de hasard, c'est le doigt du Grand Maître qui nous pousse sur l'écueil que, malgré les obstacles, nous devons affronter.

Ah ! si l'on tenait à sa vue sa destinée écrite, et que l'on puisse la vaincre, les malheurs n'arriveraient pas, mais alors, il n'y aurait pas de Grand Maître, et par conséquent, il n'y aurait pas de destin. Ce serait nous qui serions les dieux et la mort ne pourrait nous atteindre, car ici-bas serait la demeure éternelle et l'enfer au milieu des fleurs serait le paradis des jouissances.

Sans le destin, l'avare ne périrait pas auprès de son or, et le prodigue ne vivrait pas aujourd'hui en bohème, sans s'occuper de demain ? Sans le feuillet sentencier (1) il n'y aurait point d'hommes contrefaits, ni d'aveugles, ni de sourds-muets, etc. Je m'arrête, car j'énumérerais jusqu'à demain. On ne trouve point chez les animaux ces difformités, ces dissemblances de caractère et de tempérament qu'il y a chez les hommes, c'est-à-dire que chaque famille animale, est pareille, par exemple : les fourmis amassent des provisions l'été pour l'hiver, trav lent sans relâche, sont belliqueuses et bravent tous les périls ; les lions sont fiers et fantasques, les tigres sont sanguinaires, les chevaux sont courageux, les chiens sont fidèles, les serpents sont ingrats, les oiseaux sont craintifs, etc., tandis que, chez les humains on ne voit point deux hommes identiques.

(1) Le destin.

EULALIE-HORTENSE JOUSSELIN

XX

LE PÊLE-MÊLE AUX ENFERS

Malheur à l'homme qui ne s'acquitte pas fidèlement de la mission que le Grand Maître lui confie, et qu'il se charge de faire avec équité.

Malheur au libertin qui n'a ni volonté ni pensée ; car, pour atteindre au bonheur éternel, il faut avoir la volonté ; m'entendez-vous ? Malheur à ceux qui ne croient à rien, car, pour atteindre au bonheur éternel, il faut avoir la foi ; m'entendez-vous ? Malheur au criminel impénitent, car, pour atteindre au bonheur éternel, il faut avoir le repentir de ses fautes ; m'entendez-vous ? A chaque existence que ces hommes passent sur le globe furieux, leur échelon, au lieu de monter, dégringole jusqu'au cloaque. Voilà pouquoi il y aura toujours sur la terre des hommes serviles, injustes, sans honneur, et des criminels.

On voit tout ce monde errer, au milieu des égarés, lesquels pullulent dans cette vallée folle. Eh quoi, ne somme-nous pas tous des égarés, n'est-ce pas pour cela que le globe fu-

rieux porte en plein l'injustice ? Et comment
voulez-vous que l'enfer au milieu des brasiers en
fleurs puisse porter la justice ? Oh ! sachons que
nous sommes tous des coupables. C'est bien pour
cette cause que, sur la Planète du crime, il règne la rouerie, l'escroquerie, l'infamie, la per-
fidie et le massacre et, au milieu de tous ces
gens, sont obligés de vivre, pêle-mêle, les sujets
éminents et les gens honnêtes. Eh mon Dieu !
ce pêle-mêle vit ensemble en assez bonne intelligence. Mais, si ce n'était pas une destinée que
chacun accomplit, ce ne serait entre tous que
tuerie sans pardon, et les hommes sages venge-
raient avec férocité les lâches trahisons qu'ils
subissent; aussi, ces derniers se renferment-ils
dans la solitude.

XXI

LA SOLITUDE ET L'OPPRIMÉ

L'opprimé ne voit autour de lui que la solitude
qui est muette comme la douleur ; mais ces deux
muets se comprennent, car la solitude est la seule
qui veut bien entendre le malheur et qui pleure
avec lui. Elle reçoit les gémissements et les

larmes, sans jamais se fatiguer de ses visiteurs,
qu'elle appelle. Accourt dit-elle à l'opprimé, te
consoler dans mon refuge, où personne ne viendra te déranger et nous passerons, dans mon
académie des secrets, des jours paisibles : Le
malheur peut se tranquilliser, ce n'est pas lui
que l'on troublera jamais.

Tant mieux répond l'opprimé.

La terre est à moi continue la solitude ; on
me trouve partout, et voilà pourquoi on me croit
toujours seule.

Pourtant, quelques milliers de drames se
déroulent à la tois, devant moi, à tout instant.
Je reçois les ̃rets de tous les hommes, le repentir des égarés, les plaintes des génies, les
larmes des abandonnés et les lamentations des
persécutés, je les entends, tantôt demander
grâce au Grand Maître, tantôt maudire les
hommes, tantôt je vois leurs regards implorer
la voûte céleste, tantôt je vois leur front se pen-
cher vers la terre. Oh ! qu'il est touchant de contempler mes visiteurs : « soulagez vos maux » je
leur crie ; mon académie des secrets est fidèle
et l'écho ne répétera rien !

A cette dernière parole, l'opprimé qui s'était
endormi dans l'embrassement de la solitude se
réveille en sursaut. J'étais heureux dit-il à la
solitude, pourquoi as-tu troublé mon bonheur ?
mais hélas ! il s'éloigne de moi ; ah ! il est parti !

alors, il passe sa main sur son visage triste et, en reprenant le songe journal (1), il se souvient de ses douleurs, mais la solitude se tait en entendant ses plaintes. —«Solitude réponds-moi», crie-t-il suffoqué par les pleurs et par le silence qui règne autour de lui. Je voudrais parler, je voudrais aimer... il me semble, entends-tu? que je souffrirais moins, mais je n'ai personne qui puisse me comprendre, me consoler et m'aimer... Je meurs!... Non!... ne meurs pas ! exclame enfin la solitude, moi je te comprends et je t'aime, dors tranquille sous mes ailes protectrices, où il n'y a ni méchants ni jaloux.

L'opprimé alors n'est plus seul et s'endort en murmurant : « Dans ton refuge on meurt et on vit. Merci. »

(1) Du jour.

EULALIE-HORTENSE JOUSSELIN

Tous droits réservés.

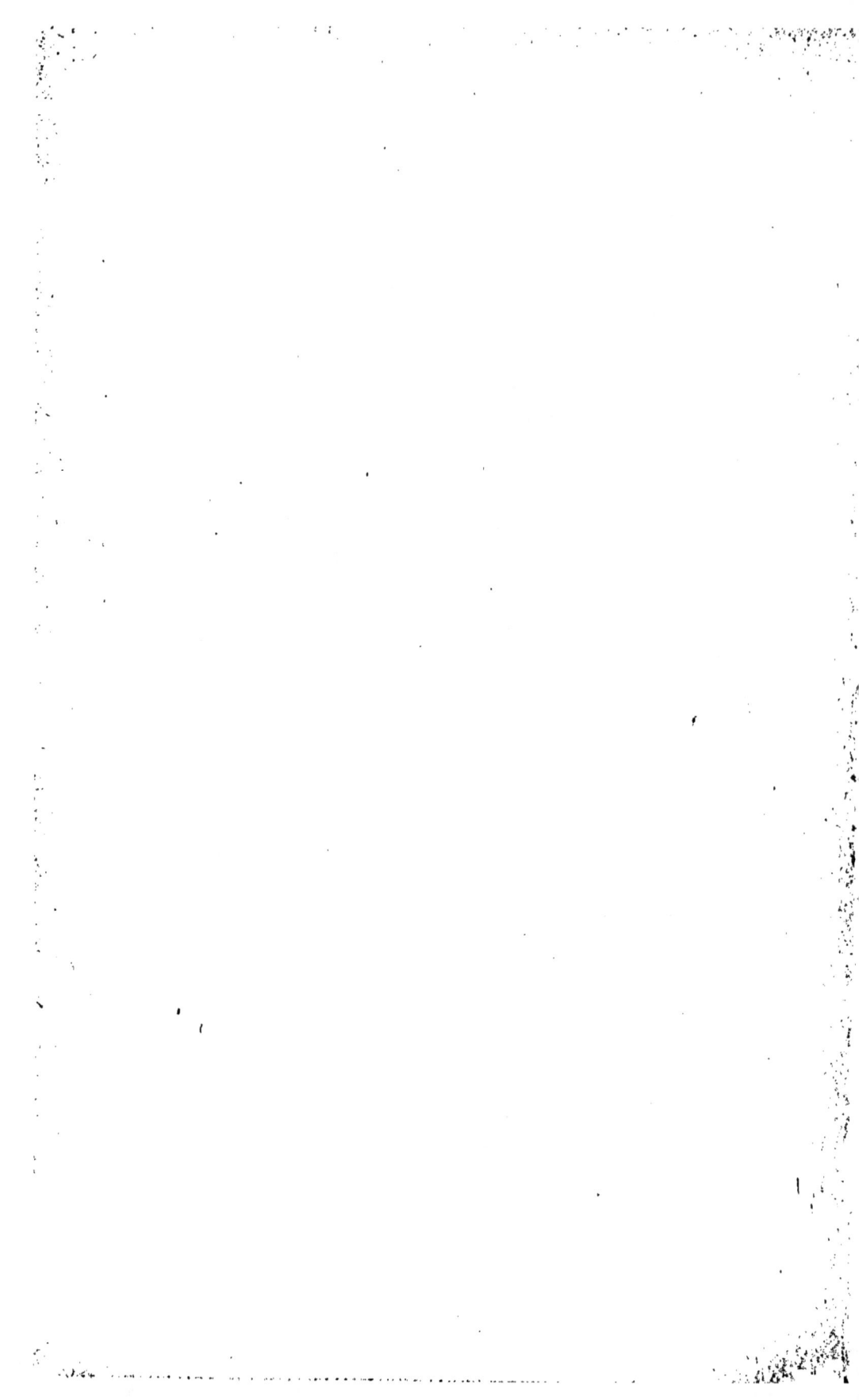

LIVRE DEUXIÈME

LES ERREURS HUMAINES

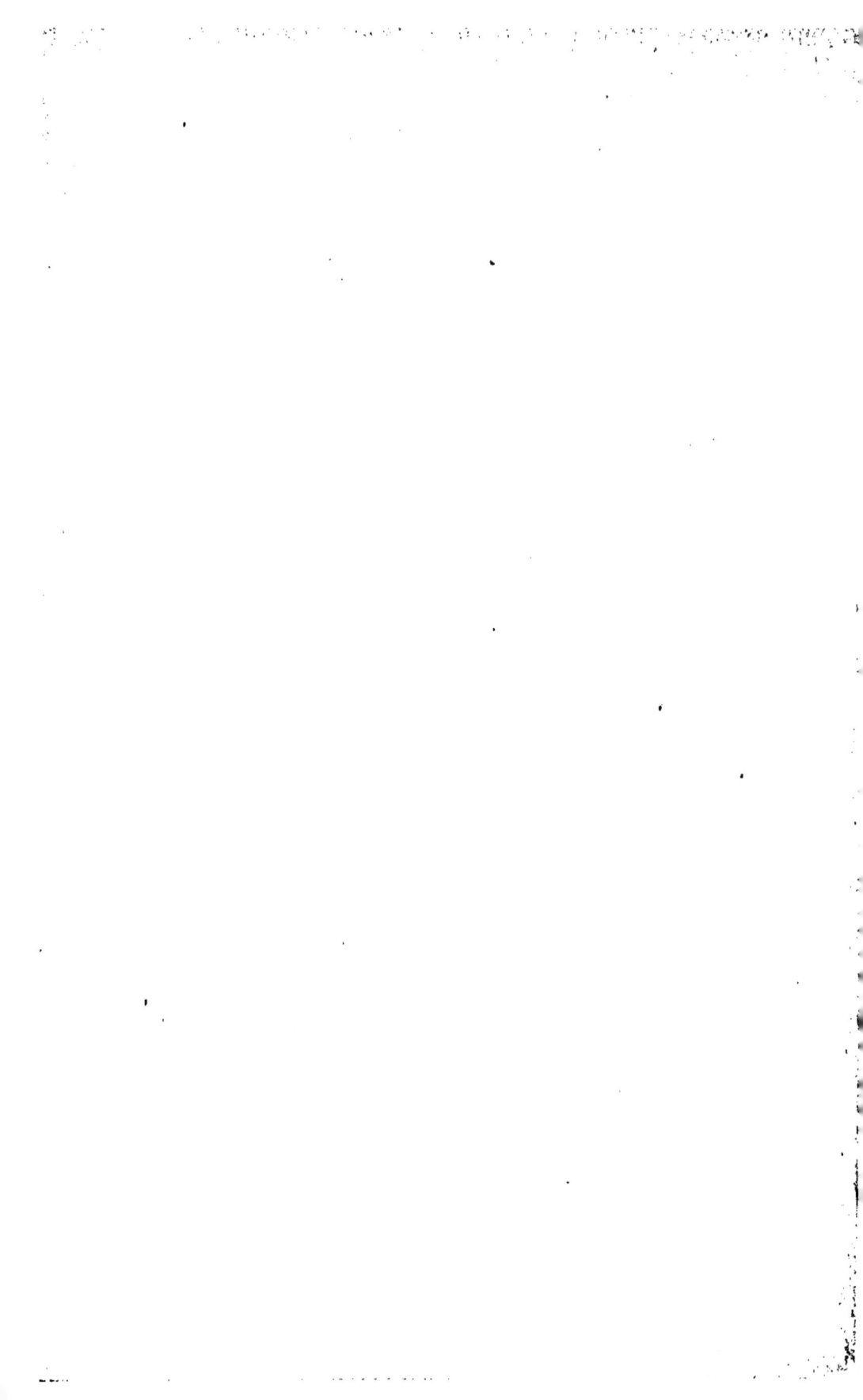

LIVRE DEUXIÈME

LES ERREURS HUMAINES

Un grand homme n'est méprisé que dans son pays...
....
Homme, pourquoi prends-tu si à cœur tes dou-leurs d'aujourd'hui ? Pourquoi ne dis-tu pas chaque matin : j'ai demain pour moi, que m'im-porte aujourd'hui !... Ne t'occupes pas de l'heure que tu connais, pense à l'heure que tu ne connais pas, et tu seras toujours heureux, car, si tu sais ce qu'est aujourd'hui, tu ne sais pas ce que sera demain, que l'on voit toujours beau !

I

HOMMAGE A L'HOMME-DIEU

N'a-t-on pas renié l'existence du Christ ? Cependant, des Christs, il y en a partout ! et si l'Homme-Dieu dont on nous parle, n'est pas le Christ, il fut un homme dont la vie a été pareille à la sienne.

Malheureusement le Christ fit plus de prêches que d'écrits, voilà pourquoi on n'a pu recueillir les faits de sa vie qui furent, je crois, bien extra-ordinaires ; mais lors même qu'Enri-errant eut laissé des écrits, ses ennemis n'auraient-ils pas détruit ce qu'il eut créé. (J'ai surnommé le Christ Enri-errant).

D'après mes pensées sur celui qui fut en ce temps-là applaudi par celui-ci et baffoué par celui-là ; il est clair que pour enseigner à ceux qui voulaient bien l'entendre, ce qui lui venait du Grand Maître, ce jeune homme s'enfuit de bonne heure de chez le père Joseph, car il fut toujours le Enri-errant, et si, pendant quelques heures il prit le rabot chez son père nourricier, ce fut bien malgré lui.

Remarque. — Jésus-Christ était sobre en toutes choses et se nourrissait de presque rien ; il était insouciant pour lui-même, au point de dédaigner le pain quotidien du père Joseph.   .

. . . .

Ce ne fut que lorsqu'il se sentit assez fort et qu'il se vit soutenu par un parti d'hommes de bien, que le Christ choisit ses apôtres, pour ré-pandre sa religion. Les gens de bien qui le pro-tégaient le secondaient de leur mieux et lui apportaient quand il était au désert, le pain qui lui manquait.

II

LES DISCIPLES

Où donc Jésus-Christ avait-il choisi ses disciples (1) ? L'histoire de leur vie dit qu'ils étaient sortis des rangs infimes. Ces hommes rustiques de langage et de genre, parlaient avec une telle éloquence quand ils annonçaient l'évangile, qu'ils enchaînaient les peuples, les ignorants, les savants, les rois et les philosophes.

Jésus-Christ sut vaincre les passions, ramener les hommes au bien, fit trembler les méchants, et les traîtres à sa vue baissaient la tête, n'osant sur son passage le regarder en face.

Rappelons ici ses prêches : ils étaient grands, simples et naïfs, car ils étaient sublimes : suivons-en l'exemple.

« Réjouissez-vous disait-il au peuple, quand

(1) On sait que ce sont d'eux que nous vient le mot chrétien, qui veut dire disciple de Jésus-Christ. Ce fut seulement vers l'an cinquante de notre ère qu'ils furent appelés chrétiens, on les nommait auparavant galiléens ou nazaréens.

l'on dit faussement du mal de vous, votre place sera grande dans les cieux. »

Le Christ avait à sa suite toute la multitude parce qu'il était un Dieu, et qu'il enseignait aux hommes les doctrines qui les conduisent vers la paix de l'âme.

Car je le dis, lorsque nous sommes calmes et que rien de malfaisant n'agite notre conscience, nos pensées s'envolent vers le bien et nos maux sont apaisés.

Que ceux qui ont lu l'Ecriture se rappellent le langage de l'Homme-Dieu qui changea la face des choses sur le globe capricieux. Sa religion transforma l'humanité au bien, les croyances fausses furent renversées et les hommes qui suivirent ses maximes furent des hommes justes. Enri-errant annonçait au peuple qu'il était le Fils de Dieu, défendait le faible et arrachait l'opprimé des mains de l'oppresseur, car il voulait voir tous les hommes bons et heureux. Mais, en publiant qu'il était le fils de Dieu, il disait vrai ; mêmes nous, les coupables, ne sommes-nous pas aussi les enfants du Grand Maître ? Mais il inquiétait ses ennemis, il fallait qu'il pérît !

Les rois et les grands de son époque étaient jaloux de son génie et de sa domination. Son regard céleste, perçant et limpide, à qui rien ne résistait, faisait courber tous les fronts ; et sa

parole était calme, puissante et divine ! Quand
il jetait ses regards autour de lui, quand il parlait, le peuple vêtu tout de haillons et l'homme
tout couvert d'or tremblaient devant lui de crainte et de doute.

Le Christ fut le plus outragé ici-bas, parce
qu'il fut le plus grand de la terre ; mais après
sa mort, les siècles l'élevèrent au-dessus de tout ;
sa mémoire qui est si honorée transforma le
globe capricieux, et notre ère date depuis sa ve-
nue. Sa naissance et sa mort sont immortelles
depuis dix-huit siècles et quatre-vingt treize ans,
car le passage du Christ sur la terre fut un bou-
leversement universel.

III

AUX GRANDS HOMMES

N'y eut-il pas des âmes élevées qui furent
traitées de folles par la société et qui, de plus,
furent rangées comme coupables au milieu des
célèbres bandits et moururent ensuite outra-
gées. Tel fut Enri-errant.

Mais je le dis, les morts parlent et se font
faire justice quand ils sont séparés des vivants
car, les catastrophes que ceux-ci auraient subies

5.

aux enfers les jetteront après leur mort, dans les ténèbres de l'oubli, parce qu'ils furent petits. Les catastrophes que ceux-là auraient subies aux enfers les immortaliseront après leur mort, parce qu'ils furent grands. Mais quand ces derniers meurent, nul ne prend garde à eux parce que leur vie se passa sans éclat, et que, sur leur chemin, ils ne rencontrèrent personne pour relever leurs actes. Mais ceux qui font tout pour l'éclat, ne sont pas de bien comme les humbles qu'ils fuient. Durant la vie des hommes justes, on ne prend pas toujours leur défense et on refuse parfois de les connaître ; mais, ne dirait-on pas qu'ils reviennent après leur mort (1), suggérer à l'humanité sa méprise à leur endroit ? Y eut-il en ce temps-là un homme assez hardi pour retirer le Christ des mains de ses bourreaux ? Vraiment non ! ses disciples et l'humanité le laissèrent périr sans même oser proférer une parole comme Charles VII le faible, ce roi craintif et ingrat laissa brûler Jeanne d'Arc.

Cependant les hommes sont nés bons. Si nos actes sont parfois sauvages, nous avons des élans généreux pour nos semblables. Mais, si nous avons arraché le coupable des mains de ses juges, en revanche, regardons ce que nous avons fait du juste : C'est nous qui l'avons accusé et

(1) Voir ce que j'ai dit à ce sujet au livre I chapitre V.

livré à ses ennemis, c'est nous qui l'avons conduit au calvaire, c'est nous enfin, qui l'avons
crucifié.

IV

LA PHILOSOPHIE VRAIE

Les hommes, qui ont marché dans un chemin
plein de glaives et partagé les vertus du Christ,
qui ont eu autant de grandeur que de simplicité
d'âme, autant de probité que d'honneur, autant
de sagesse que de vertu, qu'étaient-ils ? Ils
étaient des indépendants sur la terre, ou, pour
mieux dire, de vrais philosophes. Les philosophes sont des gens de bien qui laissent à autrui
ce qui appartient à autrui et qui n'envient rien !
Aussi, je repète à propos ce que L'homme-Dieu
a dit : « Rendez à César ce qui appartient à
César, et à Dieu ce qui appartient à Dieu ».

Remarque. — L'homme indépendant d'esprit,
c'est-à-dire qui a la conscience libre, ne craint
rien et n'a pas à baisser le front devant ses semblables, tandis que celui qui a entaché sa conscience, aussi futile que soit cette tâche, et fût-il

EULALIE-HORTENSE JOUSSELIN

même garanti de toute attaque matérielle, eh
bien ! cet homme craint l'humanité, et de plus,
sa conscience l'effraie. De même le brigand célèbre qui, pourtant, se croit le plus indépendant,
tremble au simple bruissement d'une feuille, car
il craint les hommes et se cache à leur approche.
Ah ! comme le brigand célèbre, cet homme de
mal, se trompe sur son indépendance !

Je le dis, nous sommes tous sous le joug des
uns des autres et le bandit est le moins indépendant . . . .

. . . .

Morale. — Le bien volé ou soustrait, par per-
fidie ou par ruse, ne porte point bonheur et rend
le coupable toujours inquiet ; tandis que le juste,
contrairement, écrase de son équité l'homme de
mal, et n'a point besoin de se jamais justifier.

Je le dis, serions-nous le plus éprouvé et le
plus opprimé de la terre, si notre âme est nette,
nous sommes assez riche, et le persécuteur ne
pourrait nous ébranler. Enrichissons notre âme
avec l'honneur ; l'honneur est une fortune qui
ne doit jamais sortir de là. . . . .

. . . .

EULALIE-HORTENSE JOUSSELIN

V

LE GUERRIER DE LA PAIX

Enri-errant vivant à notre époque ferait-il ce qu'il a fait autrefois lorsqu'il est venu sur notre globe injuste ? Oui ! seulement, il serait un plus grand orateur, à cause du progrès des études. La multitude accourrait vers lui comme jadis et, au moment des fêtes religieuses, les édifices sacrés seraient désertés par les fidèles qui, de préférence aux prédicateurs, viendraient en foule pour entendre prêcher la doctrine de ce si grand homme qui, par son éloquence et sa verve divines, effacerait les ministres du Grand Maître !

Jésus-Christ, vivant à notre époque serait encore le même Homme-Dieu, le même grand guerrier de la paix ; il aimerait toujours son indépendance et ses semblables, et, comme autrefois, on le verrait au milieu des égarés et des prostituées pour les ramener au bien et à la sagesse.

Au lieu de repousser ces derniers par le mépris et le blasphème comme on le fait, il serait plus noble de suivre l'exemple du Christ ?

Enri-errant existant à notre époque serait toujours le juste, ne vivant que pour le bien, qui dédaigne l'or et méprise les jouissances de la vie. Il aurait à combattre les mêmes ennemis, et serait encore le méprisé de son pays et de sa famille (comme tous les grands hommes); mais, au lieu de périr crucifié, il tomberait sous l'arme meurtrière d'un de ses oppresseurs.

Les sujets qui ont eu le tempérament du Christ ont eu aussi, l'orgueil d'eux-mêmes.

Rien n'aurait fléchi leur résolution ni leur conviction, et les grands d'ici-bas n'auraient pu attirer sur eux leur attention, ni vaincre leur fierté ; car, ils se savaient au-dessus du pouvoir et des grandeurs humaines. Et, comme le Christ, ils marchaient fiers dans leurs haillons, et l'œil plein de domination, allaient au supplice, la lèvre railleuse et l'âme pardonnante (1).

(1) Voir ce que j'ai dit, au livre II, chapitre IV.

VI

TUEZ UN HOMME ; MAIS NE LE DÉSHONOREZ PAS !

N'est-ce point Boileau qui a dit ces mots :

L'honneur est comme une île escarpée et sans bords,
On n'y peut plus rentrer dès qu'on en est dehors.

Ah ! Boileau ! quand tu as dis cela, ne t'es-tu pas mis plus bas que la médisance ! Tu étais bien aveugle, toi, le matérialiste, pour oublier ton âme qui est grande et qui ne meurt pas, et t'arrêter sur ta fange qui n'est rien et qui meurt ?

Qui donc ne fut pas fappé par la médisance et condamné par l'injustice des hommes ? Toi, Boileau, tu fus comme les autres, condamné et frappé par tes voisins et amis, mais tu ne le sus pas (1) !

Car je le dis, c'est l'humanité qui fait sa justice sur l'humanité ! Mais vous, sages, tenez

(1) Que ceux qui connaissent la vie de certains personnages se souviennent des erreurs dont ces derniers ont été les victimes à cause de la médisance et de la jalousie de leurs ennemis.

votre conscience toujours prête, pour que vous puissiez sans rougir paraître devant le Grand Maître, et laissez les hommes injustes mijoter à leur façon leur petite justice.

Tous, nous passons par cette langue (1) sans le savoir! seulement, nous connaissons trop bien ce qu'on dit de notre prochain ! mais, nous ne savons pas assez ce qu'on dit de nous ! qui prouve qu'on n'est pas plus calomnié que son proche, lequel, néanmoins on montre du doigt, quand lui avec mépris cite à tout le monde son diffamateur et rit de ses viles puérilités. Ne montrons personne du doigt, ce serait nous égarer. L'écume jaillit toujours sur l'innocence. Cependant, il y a des gens de mal qui reconnaissent les gens sans tâche, mais ils voudraient entraîner la renommée de ses derniers dans leur cloaque en leur jetant l'opprobre.

Laissons tranquille, cette femme, (2) à qui les douleurs importent peu, ainsi que les ruines qu'elle cause ou elle passe. Malgré ses milliers d'années, la catherine est inconsciente, car elle n'a pu acquérir ni qualités ni vertus ; c'est toujours la volage, la traîtresse diffamatrice. (Je veux dire : la médisance, que j'appelle la Catherine, est aussi vieille que le monde). N'est-ce pas dans la calomnie qu'est le plus lâche et

(1) La médisance.
(2) La calomnie.

le plus méprisable des crimes ? Elle est le grand
fléau universel et perpétuel ; c'est la tour de
Babel capable de tout ce qui est opposé au bien,
alors, elle fait le mal ! Les diffamateurs ont un
esprit étroit et bas. Ces petites gens que Satan
a fabriqués avec sa fange, et qui, pour cela,
ont une langue aussi vénimeuse que celle du
serpent noir dessèchent, par la jalousie, à petit
feu. Entre autres, on en voit qu'y prennent un
certain embonpoint, cela dépend du caraçtère de
ces personnages. Par exemple, ceux qui éprouvent
en parlant cet hébreu, un grand bonheur, engrais-
sent à vue d'œil ; tandis que ceux qui se mettent en rage, deviennent comme un feuillet par-
cheminé. Si on observe leur pupille : à ceux-ci
on saisira le voile de la trahison qui la recouvre,
c'est comme un brouillard qui jamais ne s'efface.
(Une pupille mibole n'est-elle pas suspect pareillement ?) A ceux-là, on reconnaîtra une pru-
nelle dure et sans expression. Défions-nous surtout des regards faux-fuyants ; enfin, de l'homme
qui n'ose vous regarder droit.

Remarque. — Celui qui lit dans les âmes a
des regards fiers et profonds qui enveloppent et
que beaucoup de gens ne peuvent soutenir. Mais
cela ne dépend pas de la couleur des yeux comme
on le prétend, puisqu'ici, c'est une étude. On
confond généralement un œil dur avec un œil

fier. C'est dommage ; un œil fier est plein d'une expression qui est alliée de sympathies et de bonté, tandis qu'un œil dur, je viens de le dire, ne marque rien de bon. . . . .

. . . .

Conclusion. — Le crime de la diffamation, n'est pas puni, pourtant, l'homme qui diffame n'est-il pas plus criminel que l'homme qui tue ? ce dernier, au moins, ne tue pas l'honneur.

Tuez un homme : mais ne le déshonorez pas !

Ces diffamateurs qui infectent la société, ne sont que des marchepieds qui servent à rehausser encore l'honneur sur qui ils frappent, car, croyant le couvrir de leur salive et de leurs haillons, ils le couvrent, de respect et de dignité.

Il est juste de reconnaître ici que l'homme droit ne périt pas toujours des suites de la calomnie. Ce serait trop terrible alors ; et que bien souvent même, les méchants ne jouissent pas longtemps de leur horrible gloire (1).

Souhaitons que les remords viennent frapper ces noirs démons, et soyons assez forts pour suivre l'exemple de Périclès, homme de bien. Mais non ! nous voulons tout de suite le châtiment. Périclès était un des sujets les plus puissants d'Athènes. Un de ses ennemis le poursuivit tout un

(1) Il faut comprendre que dans mon tableau je parle à la fois du terrestre, du spirituel et du mystère.

EULALIE-HORTENSE JOUSSELIN

jour en l'injuriant, et força même l'entrée de sa demeure pour l'insulter encore. Périclès ne se retourna même pas, mais il appela un de ses esclaves, lui ordonna de prendre un flambeau et de reconduire cet homme. Ces gens en question n'auraient-ils pas besoin, pour ne pas s'égarer davantage dans la voie de la honte, du flambeau de Périclès. . , ... , ...

. . . .

VII

LES LOIS DU CŒUR

Est-ce bien cela qu'on appelle la liberté du mariage ! parce qu'on a dit, oui devant un homme qui représente la loi. Mais si devant cet homme nous disons ce seul mot : Oui ! et que devant le Grand Maître notre âme dit : non ! Alors, ce n'est plus la véritable union ! car, si on viole les lois du mariage, on ne peut violer les lois de l'âme.

Cédons à l'évidence, il y a deux mondes en nous, mais il y en a un que nous ne connaissons pas, et qui pourtant voyage où il veut sans s'ébranler de sa place. On croit cela ; mais il vole tou-

jours ailleurs, et la pauvre charrue (1) reste au
logis. Mais du moment qu'au foyer il n'y a que
la charrue qui n'est qu'une machine fangeuse,
que voulez-vous donc qu'on fasse d'elle ? Comme
je viens de le dire ; on ne peut violer les sentiments de l'âme, c'est vrai, mais on viole les
lois du mariage et cette violation est crimi-
nelle, pourtant, elle reste sans punition aux
enfers, parce que les hommes sont impuissants
pour reconnaitre les grands crimes. Mais devant
le Grand Maitre nous ne sommes que des biga-
mes et des traitres, puisque notre âme est toujours hors du foyer, et que, de plus, nous méprisons l'union que nous avons contractée devant
les hommes ! Et, n'est-ce pas vrai cela ?...

Preuve. — Aujourd'hui nous sommes unis
avec cet homme-là, ou cette femme comme l'on
voudra ; mais demain nous divorçons d'avec l'un
ou d'avec l'autre, et ainsi de suite, parce que
ceux que nous avons pour l'instant ne nous plaisent plus du tout (2).

Le voilà le grand crime ! Pourquoi avons-nous
consenti à nous unir ? Pourquoi nous trompons-

(1) Le corps.
(2) Nous savons que le divorce pour certains cas est
très utile, mais ma tâche n'est point de m'étendre sur
ce sujet.

nous comme des fourbes. Oh ! que nous sommes coupables !

Mais le Grand Maitre lui, ne considère que les âmes qui s'allient sans jamais fausser leur serment !

Voilà la véritable union et le vrai bonheur ; car nous n'avons le droit d'abandonner notre âme qu'au foyer conjugal. Aussi, nous ne devons avoir pour la terre ébullitionnaire qu'un seul amour... ce seul amour doit nous suivre dans les Planètes Rocheuses. (L'homme le plus passionné n'a qu'un seul amour.)

Croit-on qu'on a défendu hier de faire, ce qu'on a le droit aujourd'hui ? Vraiment non ! en tous les jours, en tous les temps et en tous les lieux, on permit ceci, et on défendit cela. On ne doit jamais médire, ni envier, ni mentir, ni blasphèmer ; on n'a jamais eu le droit de violer, ni de tuer, etc., mais on a toujours eu le droit, dès sa naissance, d'aimer et de se faire aimer sans avoir besoin d'être émancipé, puisqu'on aime et chérit la femme qui vous berce sur son sein, et les aînés qui vous caressent.

S'il y a un âge devant les hommes pour unir deux charrues (1) et non deux âmes, la loi des hommes ne peut rien aux sentiments de l'âme.

(1) Deux corps.

EULALIE-HORTÉNSE JOUSSELIN

Le Grand Maître ici, est le seul témoin et le seul juge de nos pensées.

VIII

LE MARIAGE C'EST LE COURONNEMENT DE L'AMOUR

Nous sommes responsables de l'avenir de nos enfants nous dit-on. Oui et non : bien que nous devons tout faire pour leur bonheur, nous ne tenons point dans nos mains leur destinée. Serait-ce par devoir que nous ne laissons pas seule, un moment, notre fille avec l'homme que nous lui avons choisi pour époux? non ! c'est pour les convenances puisque toutes ces erreurs ne sont que pour le monde.

Eh bien ! je le dis, avec nos convenances, nous ne sommes que des dompteurs de chairs palpitantes ! Laissons donc aux fiancés la liberté de se voir, c'est-à-dire le temps nécessaire qu'il faut pour se connaître. Alors, ou ils s'aimeront davantage, ou ils ne pourront peut-être plus se souffrir. Néanmoins, sitôt que notre fille aura dit : oui devant la loi, nous la donnerons aussi vite à un homme, lequel maintenant sera son sei-

gneur et maître ! Pouvons-nous savoir si son
seigneur et maître lui donnera jamais ce tendre
sourire, ce mot caressant, ce regard qui invite à
épancher tant de choses en des cœurs aimants !
Mais quoi ! avec nos convenances, nous ravis-
sons peut-être à notre fille le seul moment de
bonheur qu'elle aurait eu avec son époux, si tous
deux, avant leur union, fussent restés seuls quelques moments ensemble.

Morale. — Je dis que, si la femme et l'homme
avaient la liberté de mieux se connaître, il n'y
aurait pas plus de gens de divorcés dans notre
pays que dans les autres puissances (pensons
ici aux Américains et aux Anglais, je veux dire,
aux lois justes de ces pays, sur cette cause). Je
ne suis point législateur et ne prétends pas ré-
former les lois, surtout n'étant pas posée pour
cela, mais je parle sans déguiser ma pensée.

Ne contrarions pas les amants qui veulent s'u-
nir, laissons-les libres dans leurs expansions et
leurs démarches ; ils apprendront à se connaître et jureront de s'aimer.

La première impression en amour est toujours
la bonne, et les conséquences d'un malentendu,
en cette circonstance, sont irréparables et toujours on les regrette. Aussi, lorsque pour la première fois on voit quelqu'un qui vous plaît, il
est rare que cet amour qui frappe l'âme se pré-

sente deux fois dans la vie et si l'on ne peut parvenir à s'unir c'est une blessure qui ne se guérit
que dans le tombeau(1).

On sait que les mariages de conventions ont
la priorité, tandis que le mariage doit être le
couronnement de l'amour. . . , , ...

. . . .

Les actes que je dis seraient beaux si l'on
pouvait accomplir ses volontés, mais il y a toujours le destin !

IX

AMOUR MATERNEL

La femme dont je vais parler était faible,
elle allait enfanter, et la force nécessaire manque
aux femmes de ce tempérament pour ce travail.
Il était entre minuit et une heure. Vis-à-vis de
ses souffrances, tout le monde aurait voulu se
sauver du logis. Elle regardait à tout instant la

(1) Voir ce que j'ai dit à ce sujet au livre I Chapitre III.

pendule dont les minutes, disait-elle, ne marchaient pas assez vite. Ah ! si elle avait pu faire
avancer les heures ! C'était son quatrième enfant, ce fut son dernier.

La mère comprenait alors que le petit être
allait bientôt se montrer ! « non !... » disait-elle
épuisée ; voulant à ce moment se dresser encore,
mais retombant aussitôt mourante sur sa couche :
« Il est trop tôt ! je ne veux pas qu'il vienne à
présent ! non !... pas encore... » Puis, s'adressant
tout à coup à ceux qui l'entouraient elle dit :
« O... vous tous ! empêchez le mal d'aller si
vite. Non ! je ne veux pas, que cette heure le
voie entrer en ce monde ! »

Je souffre... mais... je suis mère ! et je sais
que s'il naît à l'heure où le soleil prend sa naissance pour nous éclairer... il sera heureux !...
Et aux derniers instants, elle balbutiait encore :
Oh ! mon petit ! mon petit !... Dieu seul le sait
combien je souffre !... Eh bien ! m'entends-tu...
Reste encore !... souffrir comme cela, pendant
quelques heures, me serait si doux, pourvu que
toi, tu aies du bonheur ensuite.

Un jour cette même femme (elle portait alors
en elle l'enfant dont je viens de parler) s'écriait
éperdue, en regardant son fils aîné qui était
malade : « Dieu ! je t'en prie ! si tu es juste, et
qu'il te faille un de mes enfants, prends celui

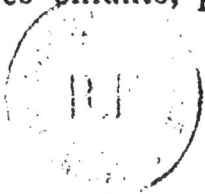

6

qui est dans mes flancs et, montrant d'un hoche-
ment de tête son petit qui était malade, mais
laisse vivre celui-là, dit-elle ».

EULALIE-HORTENSE JOUSSELIN

Tous droits réservés.

LIVRE TROISIÈME

LA PRISON POUR TOUS

LIVRE TROISIÈME

LA PRISON POUR TOUS

L'homme vaniteux qui se croit parfait devrait prendre un miroir pour se regarder et il verrait son prochain plus beau que lui. . . . . . .

. . . .

Ne reprochons pas à un homme ses erreurs, notre erreur serait plus grande que les siennes. Sondons d'abord notre conscience et nous trouverons cet homme meilleur que nous. . . . .

. . . .

Ne cherchons pas à approfondir les mystères de la vie d'autrui, plus nous voulons appronfondir ces mystères, plus nous nous égarons: connaissons plutôt nos devoirs envers nos semblables, ce sera plus juste. . . . .

I

L'INDÉPENDANCE, C'EST L'ESCLAVAGE

Qu'est donc le trône d'un roi auprès de la liberté?
Pourtant, sans réfléchir à la tâche qui nous est
incombée par le Père très grand, car on ne pense
pas toujours à tout, nous sommes, dans cette
demeure, qui n'est qu'une réclusion, les prisonniers d'un Maître qui nous châtie quand il lui
plait.

Maintenant, comparons notre cellule (l'enfer),
de prisonniers à l'univers et ensuite, comparons
l'univers aux étoiles qui apparaissent à notre
vue et qui sont habitées par des humains, (sauf
les planètes froides qui, d'après mes pensées ne
peuvent être habitables),nous conviendrons alors
que le prisonnier, qui est en cellule, est relativement moins privé de sa liberté que nous qui
nous croyons libres et maîtres.

Je le dis, le globe furieux est une cellule qui
ne renferme que des prisons, et pour les coupables et pour les honnêtes gens. Prisons ignobles,
vicieuses et viciées, recueillant le libertinage et
les crimes, les passions et les bontés de l'huma-

nité et que le Grand Maître a prédestinées à ses
esclaves pour leur châtiment. Les cinq parties
du monde, sont tout bonnement un bagne, une
réclusion, appelés, par nous, les forçats : la
liberté !

Vraiment, nous ne sommes pas difficiles ! voyez
donc jusqu'à quel degré va notre pouvoir (1).

La Prison pour tous.

Quand nous sommes soit en voyage soit au
théâtre, le châtiment nous guette et nous poursuit. Quand nous sommes à une fête nous ressentons une douleur toujours croissante, car des
membres qui nous étaient chers sont séparés de
nous ; et, s'il manque un de nos proches à cette
cérémonie, nous éprouvons une anxiété indes-
criptible que nous ne voudrions pas trahir, car,
pourquoi troublerions-nous ceux que nous croyons heureux, et qui, comme nous peut-être,
cachent les mêmes anxiété, sous une physionomie
rieuse.

(1) Je ne parlerai pas des cachots, des oubliettes et autres instruments de tortures qui ont été inventés par les
hommes pour faire souffrir et faire périr les hommes, et
de tant d'autres misères qui rendraient ma page intermi-
nable.

Oh !... comédie des angoisses humaines.

Néanmoins, une fête, quelle qu'elle soit, quand nous devons y assister, nous fait souffrir long-temps d'avance. Bon Dieu que de préparatifs l'on fait pendant des mois, même pendant des années. S'est-on parfois rendu compte du mal qu'on se donne alors? C'est à ces heures impétueuses qu'on veut vieillir encore (1).

Que d'anxiét s et de flammes brûlantes viennent caresser traitreusement ces jours d'attente, Vraiment, cela vaut-il la peine de se tant tourmenter pour ne jouir ensuite de cette cérémonie que pendant quelques heures. Que dis-je ! en fait de jouissance on n'y prend que lassitude et parfois même on y trouve la mort !

II

LES SEIGNEURS DANS LEUR PRISON

Le roi qu'on croit heureux et dont le trône est toujours convoité par ses sujets ; le roi qui règne sur son peuple et devant qui tout s'incline n'ayant pas besoin de commander pour être obéi et servi ; le roi enfin qui brille comme les étoiles

(1) Voir ce que j'ai dit à ce sujet, au livre I, chap. X.

de la voûte céleste, eh bien! le roi est toujours sur des charbons vifs et brûlants. Car son entourage qui est plein de traîtres l'effraie; car sa nation qui a le caractère changeant trouble son repos; car les punitions qu'il doit infliger inquiètent et agitent sa conscience.

Angoisses poignantes, pourquoi êtes-vous toujours là ? alors, vous suivez donc partout vos victimes à la piste.

Oh ! traîtresse ! pourquoi cette chasse sur les hommes?

Et toi fortune vorace, tu ne seras donc jamais rassasiée. Tu as bannis de leur trône les puissants de la terre. Tu as soustrait les biens à l'un, pris l'espérance à l'autre, et tes ravages ont englouti l'héritage à l'orphelin. Tu as supprimé le fonctionnaire de sa charge, chassé l'employé de son poste et l'ouvrier de son atelier, et tu refuses l'aumône au malheureux qui t'implore chaque jour. En ravissant l'appui de ces infortunés tu les fais misérables et parfois criminels.

La prison pour tous.

Le Grand Maître ne rit jamais, il est réfléchi, inflexible et juste à la fois. On le sent toujours sur ses épaules, car il est sans cesse à l'affût de ses créatures, qu'il frappe tour à tour, après les avoir choisies.

Je le dis, ce sont les plus beaux et les meilleurs sujets que le Grand Maître choisit d'abord; et sa Mort, sans même crier gare, pourchasse les hommes sans arrêt.

Dans les accidents et les guerres, les mauvais sujets sortiront victorieux de partout. Oh! je ne veux pas dire pour cela que tous les bons sujets tombent frappés mortellement par la bouche noire (le canon) qui tue sans pitié. Eh, grand Dieu! que deviendrait l'essaim de gens probes, qui, seul et sans soutien, resterait aux enfers où la vertu est persécutée.

La prison pour tous.

Les maladies qui nous ravagent et nous tiennent comme cloués au lit pendant des mois et même des années, sont encore des preuves que nous ne sommes pas indépendants. Lorsque nous avons la santé, désirons-nous, si nous sommes sur notre couche, y rester un instant, voilà que nous nous sentons tout à coup comme piqués de mille coups d'épingles, nous sommes alors obligés de sortir du nid de repos. Si nous voulons nous lever dès l'aube, ce sera bien

différent, une lassitude mêlée d'assoupissement
nous tiendra comme rivés à l'alcôve. Si nous
désirons veiller, le sommeil arrive. Si nous
voulons dormir, le sommeil s'envole; une vraie
misère, je vous dis. Telle pose nous plairait-
il de garder comme cela, voilà qu'elle nous
fatigue tout de suite; il faut alors nous retourner dans l'autre sens. Quand nous voulons être
seuls, nous sommes parfois troublés par les
visites; et, si nous voulons de la société, elle
ne vient pas. Pouvons-nous travailler autant
que nous le voudrions ? non ! la fatigue nous
emporte dans sa souveraine volonté; et, si nous
nous livrons au plaisir, le plaisir nous tue.
Tous les plaisirs, toutes les jouissances, toutes
les fêtes enfin, fatiguent et abrègent les jours
des hommes.)

La prison pour tous

Quand l'homme désire embrasser une carrière
eh bien ! des empêchements inouïs barreront
son passage en lui criant : « Halte ! arrête ! »
il ne peut de même aller où il veut sans être re-
tenu par les mêmes obstacles.

D'une autre part, si, par le travail, il a fran-
chi tous les dangers, et qu'il croit être arrivé à

la renommée, sans doute !... n'a-t-il pas planté
son drapeau, où nul n'avait encore posé le pied ?
O ! joie !.. il va donc jouir du fruit de son labeur. Eh bien ! non ! homme, cela ne sera pas !
car, pour que tu fasses la culbute, on t'a coupé
l'herbe sous le pied sans que tu le sentes, et l'on
s'est emparé de ton juchoir sans que tu t'en aper-
çoives. Ha !... tu demandes qui et de quel droit on
a pris ta place. Ha!... nous y voilà. Eh mon Dieu!
l'homme de mal qui a dérobé ton juchoir, homme de bien, a plus de vil métal (d'or) que
toi, et tu ris, tu trouves comique ce mobile ;
mais il est pourtant vrai, car, si tu possédais le
métal en question, tu serais à l'apogée de la gloire
qui t'appartient. Et nous, les aveugles, aurions
devant ton or, fait de basses révérences, dont
nous ne sommes jamais à court. Mais, homme
envié, pourquoi parles-tu hardiment et hautement ? pour te faire taire, on t'accablera faussement ; mais relève-toi, brise les entraves que te
jettent tes ennemis sur ta route; surtout ne tremble pas ! sache qu'un homme droit et hardi écra-
serait tous les peuples, et dans la vase, engloutirait le perfide qui, en usurpant son juchoir, a
voulu s'élever jusqu'à lui !

Morale. — Ce sont les hommes qui retirent
aux hommes leur liberté matérielle ; et les
hommes laissent faire les hommes sans murmu-

rer. Oh ! que les hommes sont serviles pour se
laisser mener ainsi par les hommes qui leur donnent la haine. Alors, comment voulez-vous que
les hommes ne maudissent pas les hommes ?   .

. . . . ' . . .

Conclusion. — Ce que je viens de dire
prouve bien que jamais on ne respecta l'homme :
C'est l'or qu'on respecte, c'est la magnificence,
c'est le pouvoir, etc., maintenant, laissons ici
l'or de côté qui est la suprématie des aveugles
vrais, pour dire : On respecte le talent, le génie,
le savoir, enfin les qualités et les vertus ; mais
jamais l'homme !

De même, aujourd'hui, on saluera la parure
d'un inconnu à qui, demain, l'on jettera un regard de souverain mépris s'il se couvre de loques.
Or, je dis : si les hommes pouvaient les uns
après les autres posséder l'or, il est évident,
qu'ils recevraient, les uns après les autres, les
honneurs des aveugles, ainsi en est-il fait pour
tous les rangs sociaux puisqu'aujourd'hui, on
s'incline devant un homme à cause de son titre
(de pacha soit) mais que demain un autre soit
mis à sa place, on ne saluera plus demain le
pacha d'aujourd'hui.

Vraiment, nous faisons bien peu de cas de
notre corps ! Ha !... notre corps ?... mais nous

le méprisons !... Sommes-nous donc aveugles,
que nous ne le voyons pas ?

Quand on fuit l'assassin, ce sont ses crimes qui
sont la cause qu'on s'éloigne de lui, car, si on
ne connaissait pas son passé, il serait considéré
par la société comme un homme sans tâche.

. . . .

La prison pour tous.

Quand nous sommes en chemin, si nous voulons poser là le pied, un faux pas nous empêchera
d'avancer. C'est notre voisin de droite, ou celui
de gauche, l'allant ou le venant qui arrivera là
le premier. Une voiture barrera notre passage et
nous empêchera de nous diriger à l'endroit que
nous voulons atteindre. Si nous prenons le chemin de droite, nous sommes obligés de retourner
à gauche, car mille obstacles entraveront notre
route. Désirons-nous nous reposer un instant en
chemin ; nous devenons aussitôt un objet de cu-
riosité. Que dis-je, nous n'avons même pas le
droit de nous arrêter un moment par les rues, car
ce moment d'arrêt flétrirait notre réputation ;
nous devons, sans interruption, toujours courir,
et encore, on trouvera bien moyen de diffamer
sur nous, fussions-nous même un saint. Qu'importe !

Cherchons-nous celui-ci par les rues, nous ne le trouverons pas.

Fuyons-nous celui-là, nous tomberons nez contre nez.

Et partout, bonnes gens, que de plaintes viennent frapper nos oreilles, que de figures larmoyantes apparaissent à nos regards, que de fronts portant l'angoisse s'acheminent inclinés sur la poitrine. Ici, on voit le feu dévorer tout, là-bas, c'est l'eau qui engloutit tout. Et notre habitation peut-être, va bientôt nous précipiter sous ses décombres. Ne sommes-nous pas menacés des mêmes dangers en tous les endroits où nous passons ? Oui, tout peut nous mutiler et nous broyer aussi vite que je le dis. Nous sommes si fragiles, qu'un rhume négligé peut nous faire mourir.

La prison pour tous.

Le réveil du riche et du pauvre.

Homme, hier tu étais riche, ce matin tu es pauvre. Hier tu rêvais à tes plaisirs du jour, et, en pensant aux plaisirs qui demain t'attendaient, tu t'enfonçais heureux, sur ta couche moelleuse. Ce matin, à ton réveil, tu chantais à tes nou-

velles jouissances, car, tu ne savais pas que tu
étais pauvre comme Job sur son fumier, et que,
durant ton sommeil, ta fortune avait pris, pour
s'enfuir de ton gîte des aîles mystérieuses. Hier
encore tu étais le libertin insolent, tes festins de
Nabad, surpassaient les noces d'Alexandre le
vainqueur ; hier encore tu riais de ton voisin
parce que la providence l'a moins bien traitée
que toi, et voilà qu'aujourd'hui tu n'as plus rien !
ce sera maintenant ton voisin, qui rira de toi.

Pauvre Job !

Entendons à présent le réveil du voisin, du
libertin insolent.

Hier encore, en se jetant sur son grabat infirme, cet homme maudissait sa misère ; le matin, à son réveil, il maudissait de nouveau les
hommes et son sort, car il ne savait pas encore,
qu'il était riche comme le Pérou, et que la femme
puissante et capricieuse avait, durant son sommeil brisé, vitres et portes pour descendre dans
sa masure. Mais tout à coup apercevant à son
réveil, jeté pêle-mêle, l'or qui emplit sa pauvre habitation : « Je rêve, dit-il, où suis-je ? Est-
ce une réalité ?…non, reprend-il, je ne rêve pas ! »
et, sans se demander d'où provient ce métal, et,
pensant aussitôt au libertin insolent (son voisin) : Ah ! s'écrie-t-il en éclatant de rire, « à mon
tour d'éclabousser les malins ! »

Et nous, les forts, nous nous croyons les

maîtres de cette monnaie! bah !... à quoi pensons-nous donc, quand, en un instant, situation
et vil métal, enfin, tout ce que nous possédons
pourrait nous être ravi.

Je le dis, ce qui est à la terre n'est pas à nous,
même notre habitation, car l'on peut demain
nous chasser de l'endroit où nous sommes aujourd'hui. Même notre vie n'est pas à nous, car
elle appartient au destin.

Remarque. — L'or, le rêve des cerveaux,
manque à l'appel de beaucoup de gens; il
arrête leurs projets et les tient toujours dans la
grande chaudière enflammée. L'opulent craint
de perdre son or et redoute autant le feu, l'eau
et les tremblements de terre que les malfaiteurs;
mais, le malheureux, lui, qui ne craint et ne
redoute rien, appelle toute sa vie l'or à son
secours.

Mais je le dis, le pauvre ne doit jamais déses-
pérer d'arriver à la fortune. . . . .

. . . .

La prison pour tous.

Ce qu'il y a, à divers moments, de plus irri-
tant pour nous, ce sont les parasites qui nous
tourmentent. Ces hardis petits sauvages se per-

mettent en s'acharnant après notre sang de venir troubler notre sommeil. Voyez donc ce petit rien ! en vérité ceci n'est rien ! Mais par exemple, quand ils savent que nous sommes en société, c'est bien autre chose, il faut les voir ; je me trompe, il faut les sentir en ces moments, sucer notre sang et danser à la ronde, autour de notre enveloppe. Les drôles comprennent notre embarras, notre situation comique ; de plus, ils savent leur pouvoir seigneurial, en ces instants de ravitaillement succulent pour eux ; de sorte que, ces maudits petits animaux nous torturent encore plus, ils nous font souffrir le martyre. Et nous, de nous carrer de notre mieux vis-à-vis la société qui nous entoure.

Nous simulons tout à coup des malaises : ou trop de chaleur ou trop de froid, cela dépend de la saison où nous sommes, car, pour tout au monde, nous ne voudrions nous plaindre de l'acharnement que met la maudite bête à nous tenir sur le feu. Nous voilà même parfois obligés, par la faute du petit rien, d'abandonner l'aimable société. Ho coquin !... à mon retour à la maison je vais te tuer ! pardienne ! la maudite bête savait bien cela ; c'est bien pour cette cause, qu'avant son trépas, elle nous a torturés de la sorte. Mais vous allez voir la ruse du grain de sable. « Aussi faible que tu me crois, dit-il, en riant sournoisement derrière les talons de sa victime, je suis plus fort que toi ! je t'ai assez fait souffrir, hein ! Par suite, tu me chercheras vainement ! Me croirais-tu assez niais pour te suivre ? Je suis à cette heure plus à l'abri du danger que toi, puisque je me carre en ton lieu et place, et que, sans être vu, je vois tout. »

Je le dis, le petit rien par instant est plus fort que l'homme malgré sa souveraineté sur les êtres. Il est vrai qu'à présent, nous voilà bien débarrassés du grain de sable qui, malgré tout, n'est pas dangereux pour nous. Mais voyons maintenant les animaux féroces et autres. Nous allons entendre ici le contraste comique.

Quand nous sommes poursuivis par ces bêtes, au lieu de vouloir cacher notre épouvante, comme nous dissimulons la valse du grain de sable quand il est autour de notre enveloppe, voilà que, pour qu'on vienne à notre aide, nous crions : au secours ! de toutes nos forces. Ce n'est pas tout : Et les frayeurs que nous causent les choses et les humains.

Quand nous sommes en chemin, la nuit, au moindre bruissement d'une feuille, à la première silhouette que nous apercevons, nous sursautons de crainte, il nous semble toujours voir apparaître quelques-uns de ces messieurs que tout le monde sait, et qui cherchent à nous expédier par l'Outre-terre pour s'emparer de ce que nous portons sur nous en ce moment.

Pensant toujours à tout, ces messieurs n'ont pas oublié les belles paroles que voici : « Aidez-vous les uns les autres ! » Mais, ils leur substituent celles-ci : « Volez-vous les uns les autres ! » se disant avec raison, que cette règle rapporte bien plus.

En dépouillant ceux qui tombent sous leurs coups, ils savent toujours de mieux en mieux ce qu'ils font ; les volés n'ayant maintenant qu'à porter le costume primitif de notre premier grand père Adam, sont donc allégés de leur arnachement et alors, arriveront plus vite à leur demeure tous chauds ou tous gelés, cela dépend toujours de la saison où nous sommes. Autrefois, avant d'anéantir les gens, on leur demandait d'abord la bourse ou la vie. A présent, avant de savoir s'ils ont de l'argent en poche, on commence avant tout par les expédier vers l'Outre-. terre. C'est moins explicatif.

Quels heureux jours nous passons aux enfers, bon Dieu ! Quelle indépendance ! Faut-il encore parler sur l'indépendance ? Ma foi, si nous y tenions beaucoup, pendant vingt-quatre heures et plus, nous en aurions à raconter ; puis, nous serions ensuite détrompés sur toutes nos croyances à l'endroit de notre liberté (1).

(1) Voir ce que j'ai dit sur notre pouvoir dans le livre I, chapitre XVII.

Laissons donc un peu les misères du globe
furieux me dira-t-on ! L'homme n'y a-t-il pas
aussi quelques pouvoirs ? Oui ! l'homme y a beaucoup de pouvoirs ! — Mais tout le monde n'est
pas frappé aussi cruellement que vous le dites
et ne meurt pas de la même manière. — Vous
avez toujours raison, nous ne sommes pas encore arrivés à la fin du monde ; mais les catastrophes peuvent tomber sur les premiers venus.
Or, la liberté que je reconnais à l'homme, la voici : Il a toujours le droit d'être malade, mais
il n'a pas toujours le droit d'être soigné,
ensuite, il peut exiger qu'on le laisse, tranquille dans ses rêves, dans ses souvenirs et ses
adorations sacrées.

Les droits que je reconnais à l'homme ne sont
pas brillants, n'est-ce pas ? et, que faire à cela ?
Or, il faut prendre le temps comme il est, sans
se plaindre.

Conclusion. — On s'habitue aux angoisses
et aux catastrophes qui surmènent l'existence,
puisqu'on naît, on vit et on périt au milieu
d'elles ; voilà pourquoi on y est plus indifférent !
Mais pourtant, quand on réfléchit sérieusement
aux dangers dont on est menacé à tout instant,
cela est terrible ! et, si on y pensait toujours,
on ne pourrait pas vivre. . . . .
. . . .

7.

La vie n'est qu'obstacles, qu'embûches et catastrophes. Tout n'est que caricature dans notre enfer, que surprise et métamorphose, au point que, parfois je me demande, si je suis moi, et si je suis bien vivante. Mais après avoir constaté que mes réflexions sur mon être sont vraies, subitement je reconnais que non ! et je vois qu'il n'y a que mon âme qui est moi. Pourquoi donc mon être inconnu (1), est-il plutôt dans mon corps que dans un autre ? Et me voilà de plus en plus surprise de voir plutôt mon corps chez moi que chez mon voisin. Et qu'est-il ce corps-là ? Rien ! ou du moins peu de chose.

La vie journale (2) n'est donc pour l'être qu'un songe chimérique.

Alors, Diogène le cynique était plus grand qu'Alexandre le vainqueur ! Mais, le deuxième monde (3) qui est en moi me semble si grand, que parfois je le crois Dieu.

(1) L'âme.
(2) Du jour.
(3) L'âme.

EULALIE-HORTENSE JOUSSELIN

III

PAUVRE PETIT QUEL MAL AS-TU FAIT

Notre globe furieux est bien la prison qui nous est assignée par le Tout-Puissant. Oh ! comme on y cuit dans cette vallée orageuse, couverte d'épines, de charbons ardents et de fleurs. C'est un volcan qui jamais ne s'éteint, un volcan qui nous tient constamment enchaînés, jusqu'à l'heure de la pendaison, qui est notre dernier soupir. C'est au moment de l'agonie, qui parfois dure quelques heures — pendant lesquelles notre passé nous apparaît — que l'âme, va pour toujours se séparer du corps. Tout nous prouve et nous fait voir, a cet instant, ce que nous serons ailleurs, où dans la vallée du châtiment si nous revenons y passer une nouvelle existence, les uns pour expier leurs crimes, les autres leurs fautes et enfin, d'autres s'y jetteraient une dernière fois pour se perfectionner, se purifier, afin d'aller ensuite retrouver nos pères ailleurs. C'est pour cela qu'il meurt des vierges belles, des jeunes hommes presque parfaits, lesquels sont de passage aux enfers, dans une courte et dernière existence pour y subir une simple expiation (ici et ailleurs). Et de là, ils s'envolent vers les Planètes Rocheuses, comme je l'ai dit plus haut.

J'arrête encore ici mon sujet pour justifier et conclure cette chose. Que de milliers d'enfants viennent sur le globe mortel, seulement pour quelques jours, mais, que de souffrances alors ils endurent. Du reste, l'enfance souffre toujours, et, en mourant, son agonie est terrible ! Quel mal a donc fait ce petit qui vient de naître, et pourquoi souffre-t-il de la sorte dans la vallée des douleurs !

Je le dis, c'est bien pour racheter quelques fautes que l'enfant s'est jeté une dernière fois au milieu de nous ; mais en quittant la terre, il n'a pas de compte à rendre au Père Créateur, et, sans s'arrêter en chemin, il s'envole vers les Planètes Rocheuses.

Ah ! il est heureux croyez-moi !

Remarque. — L'âme, qui après la mort est sans tache, laisse au corps qui vient d'expirer le sourire à ses lèvres. L'âme, qui après la mort du corps doit longtemps souffrir ailleurs, laisse au corps qui vient d'expirer, des lèvres grimaçantes . . . .
. . . .

Il y a des gens qui sont condamnés à avoir

beaucoup d'enfants, mais leurs enfants meurent au berceau ! C'est une sentence qu'ils doivent subir dans la vallée du châtiment ! Mais, la sentence la plus terrible entendons là : C'est de voir mourir ses enfants quand ils ont vingt ans.

Je disais donc : l'agonie de l'homme fait détacher son âme de son corps, c'est à ce moment suprême qu'il se livre un combat entre le mourant et le Père Créateur qui alors, menace l'âme avec laquelle il s'entend pour sa nouvelle destinée quelle qu'elle soit A cette heure sentencière, tant mieux pour l'homme qui fut juste icibas, et qui eut une volonté absolue pour pouvoir se défendre seul et sans témoin avec le Grand Maître, comme se défend le criminel devant son juge. N'exige-t-on pas de même d'un fonctionnaire qui s'engage à remplir une charge qu'il ait un passé honorable ! seulement, en notre enfer, on demande à l'homme la pureté superficielle, puisqu'on ne voit pas l'âme ; mais à l'Outre-terre, on demande la pureté de l'âme.

Devant la mort

Celui-ci ne compte plus, quand il est devant le Grand-Maître, les verres de Champagne mousseux qu'il a absorbés sur la terre. Celui-là ne compte plus, les verres d'eau qu'il a absorbés pareillement. Après avoir traîné leur croix qui fut plus ou moins lourde, où vont-ils de ce pas rapide ? Ah !... voilà le grand mystère !

Ah !... quand on abandonne la terre, on n'a plus envie de rire ! Eh !... parbleu ! ils s'en vont piteusement chercher, ou le châtiment ou la récompense qui leur est due. Il est certain, qu'à cette heure tremblotante, on ne s'occupe guère des bons festins d'autrefois ; on ne passe pas son temps à énumérer les succulents mets et les liqueurs délicieusement goûtées en ces temps heureux ! Mais, lorsqu'on était dans le bonheur, pensait-on à soulager la misère qui, à deux genous implorait une offrande ?

Je le dis, il est facile de faire le mal ; mais il est difficile de faire le bien.

Faisons le bien, et nous serons heureux !

Faisons plus encore, soyons grands !

Pardonnons à nos ennemis. Il est si beau de dire au traître qui demande grâce : « Relève-toi misérable ! je te pardonne ! »

Car je le dis, en frappant son ennemi de sa grandeur et de sa clémence, son front se courbe sous le pardon, et l'on jette parfois le remords dans son cœur. Puisque la haine fait vivre, le remords doit faire mourir.

Je le dis, la mort n'est pas une punition, or, il ne faut pas demander que la mort fasse justice aux scélérats, mais plutôt les remords.

. . . .

Ne pensons pas à la vengeance, nous pourrions être frappés nous-même, mais défendons
nos droits avec grandeur. . . . . . .

. . . .

Revenons au déshérité en question : maintenant qu'il va mourir, que lui importe que sa vie
ait été ou misérable ou brillante ; il se soucie
peu des bouchées de pain dur et de l'eau qui l'ont
alimenté durant le faux rêve de sa pénible existence : C'est sa conscience qu'il sonde à cette
heure du châtiment, car elle est coupable ! Le
reste... Ah !... La vie matérielle ne lui étant plus
rien, que peut lui faire les souvenirs du passé,
puisqu'au moment de la mort, misère et fortune
s'abandonnent à la terre, et on ne pense qu'au
grand voyage. A cette heure absolue, comme
il serait heureux d'avoir été bon pour autrui, et
il regrette de s'être parfois égaré de sa route, et
d'avoir maudit ses ennemis, et il pardonne à tous
Ah ! s'il pouvait racheter ses fautes ! Il s'accuse
il s'accable, et se croit plus coupable encore
qu'il l'est. Ah! si la vie pouvait recommencer et
qu'il connaisse le passé, comme il serait juste dans
cette nouvelle existence. Hélas, la vie recommence parfois sur la terre (1), mais, on est tou-

(1) Voir ce que j'ai dit sur l'infaculté de notre mémoire
u livre I, Chap. VII.

jours méchant et injuste. Comment alors doit
être la concience du criminel, au moment de son
agonie?

La conscience du criminel devient une tempête
de remords qui l'écrase sans pardon, c'est là
qu'il se débat contre la mort. La mort l'effraye ;
il ne veut pas qu'elle approche et il la chasse
éperdu de honte. Ses victimes lui apparaissent
sinistres et dangereuses; spectres hideux, plus
effrayants que la mort. Dans son agonie il les
appelle, il les chasse et puis, il leur demande
grâce ; il les voit, tantôt terrible dans leur calme
attitude, tantôt moqueuses dans leurs justes me-
naces, tantôt debout, immobiles, épouvantables,
le regard ironique, le rire strident, car elles attendent l'âme du mourant.

« Que me veux-tu ? » crie enfin le coupable.

Le Dieu juste dans sa sombre colère apparaît
tout à coup au coupable et, repoussant son âme,
il lui dit : « ni la terre d'où tu viens, ni le Paradis où tu dois aller un jour, ne sont à toi ; je
ne paie pas d'avance ; tu n'auras ta place à
l'Outre-terre, que quand tu l'auras méritée, alors
le feuillet sentencier du coupable se dicte, puis
le Grand Maître lui dit : « vois ces lignes, rien
ne pourra changer ce qui est écrit, il faut que ta
destinée s'accomplisse, va-t-en souffrir au purgatoire, ou, sans cela, je te réduirai à ramper
sur la terre comme le reptile ». Alors, le cou-

pable s'en va repentant au purgatoire, jusqu'au moment qu'il reprenne une autre vie aux enfers ; mais le juste, lui, va où il veut après sa pénitence : on verra cela plus loin.

Conclusion. — Le Grand Maître ne commande qu'une fois la destinée de chacun (soit à la mort soit en reprenant une autre vie ici-bas), car, s'il ordonnait sans arrêt ses volontés, ce ne serait plus une tâche que nous remplirions aux enfers, mais une comédie, vu que le Grand Maître aurait comme l'homme, le droit de varier ses pensées, lequel à divers instants, changera d'idées soixante fois par minutes. Un tel commerce n'aurait plus de prix,

Si nous avons le pouvoir, de tracer la nouvelle existence que nous devons recommencer sur la terre, pour qu'elle soit heureuse, il faut que l'existence que nous venons d'y passer soit sans tache ; mais, nous ne pouvons écrire notre feuillet sentencier (1) sans le Grand Maître, et le Grand Maître ne veut rien faire sans nous. . .

. . . .

(1) Le destin.

IV

MORT DE L'ENFER ANTIQUE

Quoique nous soyons et quoique nous fassions, nos pensées ne sont jamais pour l'enfer ; quand nous invoquons Dieu, nous lui demandons grâce de nos fautes, mais nous ne songeons pas à la punition qui nous attend aux enfers antiques. Quand nous entendons les chants profanes ou religieux, ils nous transportent au Paradis et partout, mais jamais aux enfers antiques.

L'enfer est ici-bas, voilà pourquoi l'autre enfer ne préoccupe point les esprits.

Ceux qui ont la foi doivent comprendre que le purgatoire n'est pas ailleurs que dans l'espace et non au fond de la terre, en bas, ou dans les planètes, en haut ; (sauf les petits enfants, le plus vertueux des hommes est obligé de faire une halte au purgatoire. On dit que le plus saint homme pêche sept fois par jour ; il pêche sept fois par jour devant le Grand Maître, mais non devant les hommes.)

Les croyants ne voudraient pas non plus qu'il y ait un enfer où l'on y brûle de la même ma-

nière qu'on l'annonce! De quelle chair serions-
nous pétris pour que jamais sous ces flammes pé-
tillantes elle ne se consume. Eh! comment donc
font les damnés pour vivre là? étant donné qu'on
leur attribue un corps en chair et en os et qu'on
ne parle pas de la substance qui les alimente.
Or, les pauvres damnés doivent-être pétris d'une
chair exceptionnelle pour que leur corps résiste
éternellement à un pareil supplice : la faim, la
fatigue et la torture ; je plains les démons, pauvres diables), qui sont également condamnés à
perpétuité pour torturer les damnés. Ils ont de
la besogne ! Mais comme le travail est l'ami de
l'homme, ils n'ont point le temps de s'ennuyer,
ni de penser à faire le mal. Serait-ce Dante qui
donnerait le coup de signal en cet enfer, et qui
serait grand commandeur des démons ? Il est
évident alors, que le temps ne doit pas lui sem-
bler long non plus. Mais je crains que son esto-
mac ne soit fatigué ne prenant point de nourriture en ce drôle d'enfer.

Il est clair aussi, que les démons, voulant
s'acquitter honnêtement de leur devoir, n'ont
point le temps de s'occuper de l'art culinaire ;
ils ont assez à faire avec les damnés, et laissent
cette corvée aux patrons de notre enfer où l'on y
ressent tous les besoins, sans exception. Notre
enfer est donc plus terrible que celui des anciens et du Dante où l'on n'a besoin de rien !

On nous dit qu'il n'y a que l'âme du juste qui
va au paradis ; tandis qu'en enfer, sans parler
de son âme, on nous montre seulement le corps
du damné qui, par conséquent, a dû ressusciter.
Erreur ! il n'y a point de résurrection pour le
corps ! où serait l'âme alors ? Dans l'air sans
doute ! si c'est l'âme du damné qui doit aller à
ce drôle d'enfer, les démons déchaînés ne par-
viendront jamais à l'atteindre, car les âmes sont
plus fortes que les démons et les hommes ; si les
démons pouvaient entraîner les âmes à leur
enfer, ce serait leur fin, parce que les démons
étant visibles et les âmes ne l'étant pas, jugez
du pouvoir de ces dernières. Je crois qu'elles feraient payer chèrement, aux noirs démons, leur
canaillerie. Vous qui avez la foi, ne croyez pas
à l'enfer diabolique, vous devez comprendre
qu'un démon n'a point de pouvoir sur une âme,
et qu'il n'y a point de damnation éternelle pour
les hommes, car la bonté du Grand Maître étant
clémente et divine, ne veut, et ne peut même
garder une haine éternelle, pour ses enfants
qu'il aime, il rougirait lui-même d'infliger un châtiment immuable aux créatures qu'il a créées ;
elles, qui n'ont pas demandé à être créées (1).

(1) L'écriture sainte nous montre le diable (ou satan)
sous la forme d'un dragon et nous dit que, dans le ciel,
il y eut un combat avec ses anges contre les anges de

V

L'ÉLÉVATION DE L'AME

Pour paraître devant nos pères, il faut être pur, c'est le moment de dire : « sois juste ici-bas, tu seras heureux ailleurs. Ce n'est pas sur notre globe injuste, qu'on trouve le bien quand on a fait le bien, mais nous serons récompensés dans la planète (1) qui nous fera justice.

Cependant, l'homme qui est arrivé au sommet de l'honneur et qui, plus à la lumière, passe sur le globe injuste sa dernière existence ; mais si cet homme commettait volontairement une grande faute, toutes les existences qu'il a passées en notre ère seraient réduites au néant. On ne

Michel et qu'ayant été vaincu, il fut par Dieu précipité aux enfers avec ses révoltés, et que sa punition durera jusqu'à l'heure du jugement dernier, mais de ce récit, croyons plutôt que le diable (ou satan) que l'on a habillé comme on a voulu, est un mauvais esprit que le Grand Maître a mis en notre être, et à côté de ce mauvais esprit, il mit également un bon esprit qui sont les deux voix qui parlent en nous, je veux dire : la voix du bien et la voix du mal.

(1) Les planètes rocheuses.

sait le nombre de vies qu'il lui faudrait recommencer pour arriver au degré de perfection où il était avant d'avoir entaché sa conscience. Toutes les luttes qu'il a surmontées aux enfers, se sont effondrés en un jour fatal, devant le Grand Maître et devant les hommes, par son crime.

Je le dis, avant d'être quelqu'un sur le globe, on est bien petit et, si l'âme s'élève, le corps reste peu de choses. A chaque existence, on grandit si on le mérite ; on passe par toutes les castes et par tous les rangs de l'échelle sociale, et, montant graduellement par tous les degrés de l'intelligence et du savoir, on arrive à une certaine élévation d'esprit ; mais, on ne peut atteindre à la perfection. Aussi, on ne doit pas rire d'autrui ni attaquer sa pauvreté car, ne serait-ce pas s'attaquer soi-même ? Peut-on savoir ce que l'on a été dans une autre vie et ce que l'on sera plus tard. En montrant du doigt ses ainés, n'est-on pas blamable, car, en raillant les vieillards et leurs infirmités on raille ses aïeux ! Peut-on savoir si on atteindra à la caducité, alors, on prendrait l'avance pour rire de ses maux à venir (1).

(1) Voir ce que j'ai dit à ce sujet au livre I, chapitre xix.

L'Elévation de l'âme.

Dans le paradis rocheux, chacun sera placé d'après son savoir et ses goûts, aussi, soyons comme Solon, l'un des sept sages de la Grèce, législateur d'Athènes : « Je vieillis, disait-il, en apprenant toujours ! »

La devise de Charles-Quint, roi d'Espagne, est celle-ci : « Toujours plus loin ! » Ayons aussi notre devise : « L'homme doit posséder la volonté, la persévérance et la foi ! » avec ces qualités, on réunirait tous les rochers. On peut donc ajouter : « ce que tu auras acquis ne sera pas perdu puisque ton savoir enrichira, quand tu le mériteras, le lieu enchanté des Montagnes Rocheuses.

Il est certain qu'à l'Outre-terre on retrouvera ses parents et amis, etc. Mais avant tout, il faut être sans souillure. Il ne faut pas croire à ces mots dont tant de gens abusent : « Dieu pardonne toujours ». Aurait-on toute sa vie fait le mal, et au moment de la mort serait-on frappé par les remords, le Grand Maître alors, n'absoudrait le coupable qu'après un long châtiment, soit dans une autre existence ou même dans plusieurs ici-bas. Si le Grand Maître pardonnait aussi facilement, la vie serait trop plaisante.

Supprimons ces mots : « Dieu pardonne toujours ». Ces mots ont été la cause de bien des crimes. Ils empêchent certaines gens d'avoir le vrai repentir de leurs fautes et leur font recommencer sitôt leur prière finie, leurs crimes permanents (1).

Ne faisons pas un jouet du Grand Maître. n'allons pas lui demander aujourd'hui grâce de nos fautes et ainsi de suite, jusqu'à la fin de nos vieilles journées.

Le repentir au lit de mort fait monter l'âme et l'être de quelques échelons, d'abord devant le Grand Maître pour son pardon, ensuite pour les grades de la société, mais ne sanctifie pas (2).

Malheur à l'homme qui abuse de la religion pour se vêtir de son voile, car le Grand Maître qui voit tout, connaît l'âme bannie du Tartuffe qui est plus lâche que Judas, et ses lèvres hideuses ne pourraient le tromper.

Celui qui cache ses fautes sous l'habit de la piété ne trahit-il pas les hommes, le Christ et Dieu ?

Conclusion. J'entends dire :
« C'est le destin qui agit sur l'homme. »

C'est vrai, mais il y a toujours le contraste du bien et du mal et l'on doit être fort, et chasser

---

(1) Voir ce que j'ai dit à ce sujet au livre I chapitre xx.
(2) Voir ce que j'ai dit à ce sujet au livre I chapitre xx.

EULALIE-HORTENSE JOUSSELIN

de soi l'ennemi qui veut nous égarer. . . . .

. . . .

VI

LE ROI ET L'ARTISAN

Se glorifier de sa naissance, c'est bien hardi. Reprocher à un homme son origine obscure, c'est bien imprudent.

Faut-il en vouloir à un roi et lui chercher querelle, parce que d'un chiffonnier il ne prit pas naissance ? Faut-il en vouloir à un chiffonnier et chercher à le faire périr, parce que d'un roi il ne fut pas engendré ?

Il est clair que, chacun est sorti de quelqu'un, et que le premier venu a pu sortir de ce quelqu'un. Pourquoi aurions-nous plutôt conçu celui-ci que celui-là ? Avant de lui donner le jour, savions-nous de quel sexe était notre enfant : s'il était beau ou laid ? Connaissions-nous les défauts et les qualités qu'il a. De même, pouvions-nous dire s'il sera un jour riche ou pauvre ! Notre enfant aurait un autre visage que le sien, et, au lieu de l'avoir conçu, nous aurions pro-

8

créé l'enfant de notre proche, nous l'aimerions autant que le nôtre.

On me demandera : pourquoi donc mon enfant est-il plutôt à moi qu'à un autre ? Parce que c'est lui-même qui vous a choisi pour parent, tel a été aussi votre désir de l'avoir pour enfant ; mais vous ne vous souvenez plus de rien (1). C'est bien l'envie que vous avez eu de le créer qui fait que vous le préférez sur les autres. Ceci est du reste bien légitime d'aimer son enfant par-dessus tout.

D'une autre part, il y en a qui ont été incarné dans les flancs de divers sujets par punition des fautes qu'ils ont commises dans une autre existence. Voilà pourquoi certains parents tuent leurs enfants, et que divers enfants tuent leurs parents. — Voilà pourquoi également, il y a des haines sans motifs (2). Or, j'ajoute qu'ayant porté dans vos flancs votre enfant, l'ayant nourrri de votre sang et qu'ayant aidé à le faire sortir du néant, tout cela peut lui donner de la ressemblance avec vous. Mais, on peut vous tromper, et, encore une fois, je le dis, vous aimeriez autant l'enfant qui ne serait pas sorti

(1) Voir ce que j'ai dit sur l'infaculté de notre mémoire au livre I.

(2) Voir pour ce sujet le livre I, chap. II.

de votre sein, si vous l'aviez entouré de vos soins.

Pour l'enfant qui meurt en naissant on n'a pas beaucoup de larmes ; mais, si cet enfant avait vécu, à mesure qu'il aurait vieilli, on l'aurait aimé davantage. Or, ce sont bien les soins, de toutes sortes, qu'on donne à ses enfants pour les élever, qui font qu'on les aime avec excès car, si on changeait de berceau le jour de leur naissance, celui ou ceux qui sont à soi, on aimerait, avec le même amour, celui ou ceux qui auraient pris leur place,

Preuve. — Si l'on confie à une femme de cœur, un enfant pour qu'elle l'élève, eh bien ! elle l'aimera comme s'il était à elle.

Le sang ne parle pas.

Voici deux hommes : Ces deux hommes ont vingt ans, et à leur naissance ils furent enlevés du toit paternel. Ils grandirent côte à côte, au même foyer, et furent élevés honnêtement ; l'un est sorti des flancs d'une reine, l'autre du sein d'une chiffonnière infime. Faites venir au bout de vingt ans, pour qu'ils reconnaisssent leur fils, les parents des deux jeunes hommes, que depuis leur naissance ils n'ont pas vus ; ils accepteront pour leur fils celui qu'on leur donnera comme tel, et l'enfant acceptera pour sa mère, la femme qu'on lui présentera comme telle. On me dira : Le sang royal parle, le sang maternel parle ! Erreur ! il n'y a point de sang qui parle, pas même le sang maternel.

Que de gens furent parjures, que d'outragés ne connurent pas leur ridicule situation. N'y en eut-il pas même qui eurent une confiance aveugle envers ceux qui ternissaient leur noble réputation ? Hélas, quoi qu'on dise, jamais le sang ne se fera ressentir davantage.

Les deux enfants en question doivent être aussi honnête l'un que l'autre dira-t-on. Erreur ! malgré, soit, la bonne éducation qu'ils ont reçue, ils peuvent être des sujets pervers (1). Si on prend le fils de la reine au berceau et qu'on le destine au métier de chartier ; il perdra sa belle tournure, si belle tournure il a, et aussi sa distinction. On le verra toujours aller au pas avec ses chevaux, sans déroger. Les mêmes effets se produiront sur le fils de la chiffonnière qui sera élevé à la cour ; d'abord, s'il est distingué de lui-même, ensuite, à cause de l'éducation qu'il y recevra. Il y a les traits de famille

---

(1) Voir à ce sujet au livre I, morale du chapitre XVI.

qui rappelle la ressemblance des parents ajou-
tera-t-on !

Pas toujours, sauf les jumeaux et quelques exceptions un étranger peut nous ressembler davantage que notre enfant. Entre étrangers il se
trouve parfois des ressemblances que l'on se
méprend, et entre parents fort souvent, aucun
indice de famille ne sera marqué.

Le sang parle si peu en nous que, fréquem-
ment, nous nous trompons nous-mêmes. Nous
prenons le valet pour le maître, le bandit pour
l'honnête homme, l'ami pour l'ennemi, l'étranger pour notre père, et l'inconnu pour notre fils,
et à la vue de tous ces gens en question notre
sang fait bondir tout notre être.

Combien d'exemples je pourrais citer encore
sur ce sujet ; mais ce serait trop long.

Cependant je rappelle le courrier de Lyon.
Lesurque, quoiqu'étant innocent, monta sur
l'échafaud par la faute de son père qui l'accusa
d'être le coupable.

Le sang ne parle pas.

Si l'on retire deux belles têtes sur quatre belles épaules, et que la famille des deux sujets ré-
clame ensuite les corps décapités ; chaque famille

8.

acceptera sans défiance le corps qu'on lui donnera.

Je le dis encore, il n'est pas de sentiment qui
trahisse plus les idées que le sang ? et je conclus qu'il parlerait plutôt pour tous les hommes
en général, qu'en particulier, et qu'entre toutes
les puissances, la paix et l'égalité devraient régner, puisque dans nos méprises à vouloir reconnaître partout, et ceux que nous aimons, et
ceux qui ne sont plus aux enfers, notre sang à la
vue d'un étranger, bouillonne à faire tout rompre
en notre être.

Car je le dis, cet étranger quel qu'il soit est
notre allié, ainsi que tous les mille trillions
d'hommes qui ont passé et passeront encore aux
enfers. Serait-ce pour cela que nous laissons
périr l'homme qui jadis fut peut-être notre père,
ou notre frère, ou notre fils. Or, nous ne sommes
bien que des aveugles, et le sang ne nous éclaire
point.

Conclusion. — Il ne faut pas confondre le
sang avec l'âme ; le sang bat comme le cœur,
mais non l'âme. Aussi, le mystère des sympathies et antipathies que j'ai démontré au livre
premier sont la réalité parce que c'est l'âme qui
parle, tandis que ce que je viens dire sont les
méprises, les erreurs parce que le sang s'égare
et ne parle pas. . . . .

. . . .

Le sang ne parle pas.

Porterons-nous toujours des galets sur la plage pour nous briser les pieds, n'en a-t-elle pas déjà trop ?

Nous repoussóns l'homme qui a faim pour protéger celui qui a de l'or ; mais, si l'homme qui a faim se substituait au lieu et place du riche, nous chasserions le favori pour accorder nos bonnes grâces (sans le vouloir bien entendu) au délaissé, dont la filouterie lui a valu les noms et propriétés du riche. Voilà comment parle la vérité chez l'homme.

Entendons encore: Deux solliciteurs frappent à notre porte pour demander notre aumône et notre protection. L'un mena une vie sage et laborieuse, mais les malheurs le frappèrent sans interruption ; l'autre, au contraire, fut un libertin éhonté. Lequel alors comblerons-nous de bienfaits ? Eh bien ! ce sera le libertin éhonté, car les yeux qui éclairent notre fange (1) ont mal vu et notre fange n'a point ressenti la vérité.

Oui ! nos yeux qui voient nous trompent, et de plus, ils sont si mal élevés, qu'ils regardent toujours ce qu'il ne les regarde pas. Oui ! nos

(1) Le corps.

oreilles qui entendent comprennent à rebours
de la vérité. Aussi, quand nous voyons, quand
nous entendons, demandons-nous bien encore
si nos yeux et nos oreilles ne nous ont point
trompés.

Car je le dis, si la foi sauve l'homme, l'imagination le perd. Je veux dire ici que nos yeux
et nos oreilles nous perdent.

L'homme a plus de croyances malades que de
jugements sains, de plus, il se borne et dédaigne
une cause sans la connaître, sans l'avoir raison-
née, ni appréciée ; ou bien encore il discute en
aveugle vrai, ce qu'il ne sait pas.

Voilà l'homme !

VII

NE BLASPHÉMONS PAS LA NAISSANCE

Nous allons dire un mot sur les destinées
de nos postérités.

Voici, par exemple, vingt enfants nés du
même père et de la même mère, élevés de la
même manière et nourris du même lait. Ces
vingt enfants ont reçu les mêmes baisers et re-
cueilli les mêmes conseils. Eh bien ! pas deux
ne se ressembleront de physique, de caractère,

de tournure, de manière, d'aptitude, ni de destinée surtout (sauf quelques exceptions). L'un sera riche, l'autre pauvre ; l'un brillera, l'autre tombera dans l'abîme ; l'un mourra jeune, l'autre vieux.

Dès la naissance d'un sujet, on verra s'il sera heureux. Même dans les futilités, s'il tend la main par les rues avec d'autres, c'est à lui qu'on fera, de préférence l'aumône. Et il sera partout vainqueur. Enfin, tout lui annoncera le bonheur qu'il aura plus tard. Les indices contraires à la chance marqueraient aussi, dès sa naissance, celui qui est appelé à être malheureux.

Les vingt enfants en question ne sont-ils pas une similitude d'avec la société ? Alors, pourquoi blâmer celui-ci et celui-là ? pourquoi trouver que celui-ci est né trop pauvre et celui-là trop riche ? Pourquoi faire l'éloge de l'origine de celui-ci et mépris de la naissance de celui-là ? Est-ce notre faute si nous sommes nés rois ou artisans ?

Les premiers nobles.

Que dirons-nous des divers bandits et autres, qui criaient sur leur passage, qu'ils étaient fils de grands seigneurs. Dans tous les temps il y

eut des gens comme cela et de plus, on les croyait
sur parole. Eh ! pardieu ! n'avaient-ils pas le
droit d'être nés de grands seigneurs ? tandis
qu'ils étaient les fils de riches mendiants, ou,
pour mieux dire, des fils de rois de la misère.
Mais s'ils eussent été engendrés par des princes
qu'auraient-ils dit ? Ils auraient annoncé à grande
pompe qu'ils étaient les fils de Dieu ! Eh bien !
nous aurions préféré cela ; leurs lèvres au moins
n'auraient point menti. Ne se souvenaient-ils
pas que nos ancêtres étaient des brigands éton-
nants de la forêt Noire, et que ce fut Clovis,
dit-on, qui, le premier, institua les titres de
noblesse pour décerner cette distinction aux plus
braves d'entre eux.

N'oublions pas de dire, que Charlemagne, le
père des écoles, chassait de sa récolte le fainéant
qui ne voulait rien faire, et anoblissait le fier et
courageux fils du laboureur et autres, qui se
faisaient remarquer par leur travail.

Voilà ma foi des grands hommes et des grands
bandits qui trouvaient bien, pardienne ! sans
s'occuper de leurs castes, tous les crânes égaux.
Par cette occasion, je dirai que l'homme qui se
livre aux grandes choses, a le crâne plus développé que s'il s'était mis au plaisir. J'ajoute
même, qu'il y a plus de vieux savants que de
vieux noceurs, parce que, si le vice tue l'homme,
le travail le nourrit. On sait que le crâne des nè-

gres est moins développé que celui des blancs ;
cela annonce simplement chez l'homme la grande
oisiveté, et nul n'est plus fainéant que les nègres ! Mais il faut avouer sans honte que, quand
il fait très chaud dans notre pays, nous sommes
tout aussi fainéants qu'eux.

Remarque. -- Les nègres apprennent les
langues, et ce qui leur plaît avec une facilité
extrême. Tandis que nous, devant les jargons
étrangers, nous faisons piteuse mine. Et puis,
nos savants, est-ce pour nous faciliter à vaincre des difficultés en cas que nous voulions apprendre des langues étrangères ? changent et
compliquent chaque jour les mots et les règles
de notre langue. Or, comment veut-on qu'elle
soit correcte.

Mais, personne sur la terre n'est au-dessus de
l'homme pour lui montrer les erreurs qu'il commet. Voilà pourquoi les hommes seront toujours
les hommes... imparfaits... et que toujours ils
douteront d'eux. . . . .

. . . .

L'honneur est tout.

Les destinées des créatures sont un mélange,
puisqu'aujourd'hui elles sont ceci, et que demain,
elles seront cela ; et le sang noble ou vil n'est

pas ailleurs que dans le tempéramment des hommes. Je le dis encore, la naissance importe peu et n'est même rien !

L'honneur, la sagesse, les qualités de l'âme sont tout, puisque ce sont les qualités de notre âme qui font notre grandeur. Puisque le premier venu pouvait naître roi, puisque le premier venu pouvait naître riche, puisque le premier venu pouvait naître infime, puisque le premier venu pouvait naître bandit, puisque le premier venu pouvait naître plein d'honneur, puisque le premier venu pouvait naître infirme (idiot), puisque le premier venu pouvait naître un grand homme ; alors, toutes les naissances, les défauts, les infirmités, les vertus, les qualités, les possessions, les gloires enfin, peuvent tomber, et sur ceux-ci, et sur ceux-la !

Preuve. — Shakespeare était le fils d'un paysan ; notre grand peintre Prudhon était le treizième enfant d'un maçon. Et Messonnier, l'une de nos plus belles gloires, tout le monde connaît sa naissance. Le général Hoche était le fils d'une fruitière ; beaucoup de généraux du premier empire sont sortis du peuple et de la bourgeoisie. Le maréchal Ney était fils d'un tonnelier, et fut, dès son enfance, petit clerc chez un notaire. Je n'ai pas besoin de dire de qui était fils le grand orateur Gambetta. Le pape

Sixte-Quint, né en 1521, dont le père était un pauvre vigneron, fut, dans son enfance, gardien de pourceaux. Plus tard il entra dans l'ordre des moines, et, après avoir gravi échelon par échelon les ordres ecclésiastiques, il arriva à la couronne de papa.

Ce pape énergique, que la reine Elisabeth d'Angleterre estimait lui disait un jour : « C'est dommage que nous ne soyons pas mariés ensemble, car vous, vous êtes un homme, et moi... je suis une femme ! »

D'un autre côté, combien d'hommes naissent riches et meurent dans l'abîme de la misère ?.

Ainsi est la vie.

Des grands hommes ont procréé des nullités, et des nullités ont procréé des grands hommes ; Des gens sans tache ont engendré des criminels, et des criminels ont engendré des hommes d'élite ; des hommes superbes ont procréé des phénomènes (des monstres). De même, on rencontre des artisans d'une distinction irréprochable et des seigneurs qui ont l'air lourdeau. Or, je résume ce contraste comme il suit : L'artisan fut, dans une autre existence, un grand seigneur, et le seigneur fut ouvrier. Voilà pourquoi chez l'homme distingué, quelle que soit sa position, on trouvera à certains moments le paysan tout pur, et, chez le paysan, on voit l'homme distingué tout pur.

EULALIE HORTENSE JOUSSELIN   9

Il est des gens sur la terre pour faire tous les métiers, et embrasser toutes les carrières et, sans même proférer un mot, ceux-ci se soumettent à toutes les besognes ; ceux-là vont s'offrir eux-mêmes pour les plus rudes travaux. Admirez ici le vieux marin ; malgré les périls qui lui tendent les bras, il préfèrerait la mort à l'abandon de sa dangereuse et glorieuse carrière. Faites une observation, en cette occurrence, au vieux loup de mer, il vous répondra avec fierté : « Il y a autant de vieux marins que de vieux laboureurs. »

Et les explorateurs, les plongeurs, les égoutiers, les mineurs et tant d'autres métiers dangereux, qu'il serait trop long d'énumérer. Peut-on croire que l'homme se soumette de lui-même à son pénible sort ? Vraiment non ! ce qui fait son humble résignation, c'est le destin qu'il doit subir aux enfers, et qu'il a tracé avec le Grand Maître. Oh ! sans cela tout irait encore plus mal (1).

C'est bien pour le destin qu'on à a subir, qu'on croit ne jamais revoir passer les mêmes hommes aux enfers, si ce n'est pour y perfectionner ce qu'ils y ont commencé et abandonné en mourant, et encore, ils ne réapparaissent pas avec les

(1) J'ai donné cette explication du feuillet sentencier au livre I, chap. III.

mêmes visages, puisque les visages et les destinées peuvent changer chaque fois que l'on revient
sur notre planète.

Pourquoi donc, demandera-t-on, ne suis-je
pas né un grand seigneur ? Pourquoi n'ai-je pas
autant de bonheur que celui-ci et autant de talent
que celui-là ? et enfin, pourquoi ne suis-je pas
né un génie ? Je viens de dire que le feuillet
écrit était le destin, mais si on revient sur la
terre on peut, si on le veut, sortir des flancs d'une
reine (1).

Conclusion. — Homme, quoique tu sois,
garde toujours, dans cette existence, ta dignité ;
et ton allure, enfin, reste grand !

N'est-ce pas dans la démarche que l'on voit
le caractère et l'indépendance de l'homme ?
C'est la convoitise qui lui fait courber la tête, et
le manque d'énergie le fait trembler vis-à-vis de
ses semblables.

Homme ! relève-toi donc, ne marche plus la
tête pendante sur ta poitrine. Tu as peut-être
eu des valets autrefois. Rachète dans cette vie-

(1) Je suis née d'un père qui mourut étant alors retraité
de l'arsenal maritime de Cherbourg (premier port de
guerre) si je désire revenir aux enfers quand je les aurai
quittés, et que mon père ait le même malheur que moi,
je veux être sa fille encore, car c'était un homme d'honneur.

ci avec un mérite plein d'éloges, les fautes que tu as faites dans une autre existence. Il faut que tes sentiments soient élevés, et que tu éloignes de toi tout ce qui pourrait te détourner de l'honneur. . . . .

. . . .

VIII

LES HOMMES ET LES ANIMAUX

Le coq, le sultan des fermes est l'emblème du courage; il est belliqueux, ombrageux et altier, et veut toujours régner en maître sur son sérail. Quand le coq suit ses poules, auxquelles il fait toujours la morale, il marche avec autant de majesté et de fierté que le lion, sa tête domine ses femmes, ses regards sont vers le lointain, car il craint toujours de voir apparaître un intrus. Si l'homme pardonne à son rival, le coq, ne pardonne pas, et chaque jour, avec son ennemi, il recommence la bataille, alors, quand il a triomphé, quoique meurtri et ensanglanté, le sultan des fermes s'en va clopin-clopant heureux vers son sérail.

Quand le coq chante, il marque les heures de

la nuit avec une précision surprenante ; il fait
entendre son premier chant à minuit, son second
à deux heures, son troisième au levé du jour.

La mythologie nous dit qu'Alectryon, à qui
Mars avait donné la garde du palais de Vénus,
fut changé en coq par le dieu de la guerre (Mars)
parce que, au lieu d'avoir veillé, il s'était endormi.
Les premiers chrétiens le mirent au nombre
des emblèmes de la vraie religion, voilà pourquoi
dans les catacombes de Rome le coq y figurait,
ce qui signifiait : l'activité et la vigilance chré-
tienne pour le service de Dieu. C'est par la suite
de ces symboles que l'on doit la figure du coq
sur la croix des clochers d'églises.

Malgré toutes les suppositions sur nos pères
les gaulois, que le coq ait été sur leurs ensei-
gnes, il ne figura pour emblème national qu'à
la révolution. Mais l'oiseau du dieu de la guerre
dut céder son diadème à l'aigle par deux fois à
cause de l'empire.

Le coq, le plus belliqueux et le plus brave de
tous les oiseaux, reprendra-t-il encore le suprême honneur que jadis nous lui avons fait ?

Les hommes et les animaux.

Le serpent est mélomane. Il aime la musique comme l'homme, se saoûle comme lui, et quand les deux camarades sont trop gavés, ils dorment au même instar, si bien qu'ils ne sont plus que de lourdes brutes étendues sans forces ni mouvement sur leur couche, et, sans même craindre leur réveil, c'est alors qu'on peut les tuer net.

Voilà l'homme ! voilà le serpent !

L'homme et le serpent ont une haine insatiable à assouvir. Quel rôle ont-ils donc joué ensemble autrefois ? Mais le serpent est plus fort que toi, homme ! il te fascine, t'attire vèrs lui, et tu n'oses l'attaquer le premier ! Tu tombes, sans chercher à être le vainqueur, sous son écume dégoûtante, car tu n'as pas le sang-froid qu'il faut pour saisir ton redoutable ennemi au collet et le tuer, ainsi que tu le fais, devant les attaques de tes semblables !

O homme ! ô serpent ! pourriez-vous éclaircir cette inimitié instinctive qui vous prédestine l'un pour l'autre au meurtre ?

Remarque. — L'antipathie de l'homme et du serpent est si remarquable, que l'arme qu'ils portent en eux, (le premier la salive, le deuxième le

EULALIE-HORTENSE JOUSSELIN

venin) les tuent mutuellement (s'ils s'en servent)
quand ils s'attaquent ; mais l'ophidien n'a pas à
s'effrayer de l'homme, ce n'est pas ce dernier
qui osera jamais saisir son ennemi à la gorge
pour lui cracher dans la... gueule..,

Ce n'est pas étonnant que l'homme et le reptile se haïssent et se craignent, et qu'ils aient
l'un pour l'autre, sans qu'ils sachent pourquoi, la
même répulsion.

D'après la mystérieuse et mutuelle antipathie
de l'homme et du serpent, il est évident qu'ils
ont dû jouer de tristes rôles ensemble dans d'autres existences, puisque la nature leur a donné
une arme égale pour se défendre l'un contre
l'autre, dont l'effet est réciproque.

. . . .

Les hommes et les animaux.

L'homme a de l'esprit, la bête n'en a pas, c'est
vrai, mais en revanche, la bête a de l'instinct ;
tandis que l'homme n'a pas d'instinct. La bête a
encore cet avantage sur l'homme (sauf le serpent qui gloutonne comme lui), c'est qu'elle ne
connaît ni plaisir, ni libertinage, par suite, elle
est modérée et tempérée.

Les jouissances de la terre tuent l'homme ;
mais la bête ne se tuera pas dans les jouisances,

elle sait gouverner sa vie, ce que l'homme n'a
jamais su faire, et le désespoir d'avoir englouti
son patrimoine dans les plaisirs ne fera point
suicider la bête. Aussi, c'est bien d'avoir joui de
tous les plaisirs que l'homme dans sa vie permanente n'est plus qu'un hébété.

Remarque. — Les vices sont appelés : les passions ! moi, contrairement ce qu'on appelle :
les passions, j'appelle cela : les vices ; car les
vices perdent les hommes, mais les passions les
sauvent. . . . .

. . . .

Les avant-coureurs.

Que veulent dire les avertissements funèbres
que fait entendre par ses pleurs, un chien qui
veille à l'endroit où se trouve un agonisant ?

La chouette, vient aussi donner ses signes,
précurseurs de la mort ; elle rôde autour des
maisons où se trouvent les mourants, se huche
sur les toits, sur les cheminées, pour y jeter son
cri lugubre qui déchire l'âme.

Que signifient donc ces rapprochements mystérieux que l'homme et divers animaux ont ensemble ? Cependant, beaucoup de gens démentent les vérités que je dis ; mais à cela il n'y a

rien d'étonnant car, ne vivant qu'au milieu de la
multitude, des luttes et des plaisirs de la vie, ces
gens ne peuvent donc se rendre compte des
mystères qui existent entre les hommes et certains animaux quand il vivent côte à côte. Mais
que ces sceptiques se fassent hermites, et que
les catastrophes viennent alors les frapper dans
leur retraite, on verra bientôt leurs phrases
changer de tournure.

Légende.

J'ai omis de citer, dans ma page, le seigneur
des bois, (le singe) dont je vais donner l'origine
dans la légende qui suit :

En ce temps-là, il y eut de par les tribus afri-
caines et américaines, des femmes qui enfantè-
rent des négrillons et petits sauvages, lesquels
étaient disgraciés de la nature. Les pauvres petits
servaient de bouffons et de risée aux autres enfants de ces tribus. Il en est malheureusement
ainsi dans tous les pays, de telle sorte, qu'un
beau matin, fatigués de tant d'injustes misères,
ils désertèrent le toit paternel des huttes, et on
ne les revit plus dans leur village. Ils marchè-
rent jusqu'à l'heure où négrillons et petits sauvages se rencontrèrent dans les forêts où ils vécurent ensemble, et leur instinct pour la conser-

9.

vation de la vie les empêcha de périr. Les pauvres déshérités eurent une nombreuse progéniture qui fut d'un aspect plus repoussant qu'eux-
mêmes. Il y en eut de toutes les tailles et de tous
les caractères. Ainsi en est-il dans nos royaumes
et républiques.

IX

OU SONT-ILS LES HOMMES DE 1793.

Rappelons ici les hommes dont les noms
sont restés célèbres, et qui, pour la liberté, il
y a cent ans de cela firent trembler la terre et
les océans, c'étaient Jean-Paul Marat, Maximi-
lien Robespierre, Danton, Saint-Just, etc.

Sans faire de politique, ce n'est point là mon
but, je vais dire une phrase sur l'histoire pour
montrer que, dans la vallée injuste, il n'est
point d'hommes qui puisse y rester maître éternel. Aux enfers, tout n'est que vanités puériles,
qu'erreurs et tromperies; enfin qu'une fumée
emportée par un vent doux ou furieux, et alors
tout s'efface... Il n'y a plus rien !

Je prends donc au vol ceux qui hier encore
étaient les souverains du globe capricieux, ces

hommes que les puissants ne purent vaincre, et
qui firent courber tous les fronts ; pour prouver
qu'aujourd'hui ils ne sont rien ! même Louis XVI,
quoi qu'étant roi et patron des serruriers à la
fois. Même l'humanité, sans distinction de rang,
n'était rien ! Lequel de ces hommes terribles,
mais grands, put échapper à sa destinée ? Ne
périrent-ils pas tous de la même manière qu'ils
avaient frappé léurs ennemis? sauf le beau
Marat ; il n'eut pas trop à se plaindre de sa sentence ; Il fut frappé mortellement, par la belle
et patriote Charlotte Corday.

Ces hommes qui firent tout plier aux enfers
n'emportèrent même pas à l'Outre-terre, un des
grains de sable que les tourbillons font voler
dans l'espace, quand ils sont en colère.

Les voleurs eux-mêmes, sont à cette heure
tremblotante aussi honnêtes que les hommes
intègres, car ils laissent à la terre ce qui lui
appartient et ne sont nantis que de leur conscience, qui doit être dans les airs, comme elle
a été ici-bas, bien lourde à traîner.

Oh ! mort impitoyable que tu es forte ! tu
réduis l'homme à ta suprême volonté. Rien ne
pouvant résister à ta puissante domination, il faut
que tout s'incline et succombe devant toi !

Tu es la suprématie de la terre !

Je le dis, les hommes dont je parle étaient
surveillés, et celui qui les guettait les emporta

quand cela lui plut. Mais le grand Maitre n'est
pas à l'instar de nos gouvernants ; nous allons
le voir tout de suite.

X

CHARITÉS RÉCIPROQUES

Demandons au Grand Maitre s'il craint ses
sujets, et les forces rivales ? N'est-il pas alors le
seul dont le trône est sans danger ? Tandis que
nous, nous ne sommes que des mendiants dé-
guenillés qu'on peut faire déchoir à tous les
instants. Demandons à ceux qui, en ce temps-
là, firent trembler la terre et les océans, s'ils ne
furent pas des mendiants comme nous ? Continuons nos recherches sur ceux qui gouvernent
les peuples ; quand nous aurons vu et entendu
tous ces hommes, nous n'en trouverons pas un,
parmi eux, qui n'ait pas son lourd fardeau à
traîner péniblement, et alors, nous sortirons de
leur demeure le cœur plein de larmes ; nos pas
seront plus allègres, car nous trouverons notre
charge moins pesante que la leur. Nous reconnaî-
trons, quand, pour le même sujet, nous aurons

EULALIE-HORTENSE JOUSSELIN.

visité l'infime, que la distinction de chacun s'explique dans le châtiment plus ou moins heureux que nous devons tous subir. Et que le plus grand des hommes de la vallée mendiante a besoin de tout le monde, d'abord pour vivre, et ensuite pour se faire servir.

Que pourrait faire le sultan s'il était seul? et tout le monde fait vivre le sultan. Que pourrait faire l'artisan s'il' était seul? et tout le monde fait vivre l'artisan.

Or, nous ne sommes que des nécessiteux, et à deux genoux, nous prions notre mère, la terre, de bien vouloir nous nourrir, et, sans distinction de rangs, nous nous implorons mutuellement.

Remarque. — C'est la terre qui nourrit notre corps et qui lui donne l'or, c'est le Grand Maître qui nourrit notre âme et qui lui donne son savoir.

.   .   .   .

XI

L'OUTRAGE ET LE PARDON

Le Grand Maître qui fait nos destinées, nous le renions parfois.

Ce Grand Maître, nous lui jetons le blasphême.
Ce Grand Maître, nous lui demandons grâce
quand nous avons besoin de lui. Ce Grand Maître, nous l'oublions quand nous sommes dans le
bonheur. Ce Grand Maître, nous l'accablons
quand nous sommes dans le malheur.

Parfait !

Nous disons qu'il est un vrai scélérat !

D'accord ! mais enfin, avant de condamner le
Grand Maître, il faut lui demander si ses senten-
ces sont justes ou injustes. Aussi, pour cette
cause. entendons la morale qui suit : Nous désirons que nos enfants soient bons et vertueux,
nous voudrions admirer leur beauté et leur génie !
enfin, nous les voudrions parfaits ! et, si dans
l'un d'eux se trouvait un monstre ingrat au point
de mépriser nos vertus, nous ferions tout pour
le ramener au bien. — Mais, si nos efforts res-
taient vains ? Eh bien ! avec l'âme pleine d'a-
mertume, et ce désespoir qui traîne l'homme au
tombeau, nous le chasserions loin de nous !

Le Grand Maître est pareil. Nous corrigeons,
il châtie ; nous pardonnons, il absout.

On reproche aussi au Grand Maître de mettre
sur la terre des bandits, etc. Eh, que diable !
c'est bien nous-mêmes qui mettons sur la terre
des bandits. Si nous questionnons trop, nous
devons passer sur les règles de la logique et
même en sortir, puisqu'au dire de certains

hommes nous avons le pouvoir, sans demander le consentement au Père Créateur, de faire nos enfants. Alors, bâtissons-les pour qu'ils soient parfaits. Que nos enfants soient criminels ou vertueux, beaux ou laids, intelligents ou crétins, qu'importe ! N'est-ce pas notre œuvre ?

On reconnaît ici qu'il y a un destin : nous ne sommes points capables de faire seul un si beau travail, ou du moins, si nous aidons à fabriquer la fange (1), l'homme ne peut donner à l'homme, ou ses vices ou ses qualités, sa sagesse, ses talents ou ses perfections, son génie ; tandis qu'on ne trouve pas chez les animaux cette dissemblance qu'il y a chez les humains (2).

Si nous avions la liberté de nous faire à notre guise, malgré nos fautes, nous serions pétris tout à l'opposé de ce que nous sommes ; c'est-à-dire : nous serions créés à l'imitation de notre premier grand-père Adam (3) lequel, avant d'avoir péché, n'avait besoin de rien.

Nous avons beau chercher, même nous creuser le cerveau jusqu'à la folie pour connaître le mystère ; il faudra bien qu'un jour nous nous ren-

(1) Le corps.
(2) Voir ce que j'ai dit à se sujet au liv. I, chap. XIX.
(3) Voici ma pensée sur notre premier grand-père Adam : avant le déluge, Adam était notre père, c'est vrai. Mais Noé étant resté seul sur la terre après le déluge,

dions à l'évidence et que nous crions: C'est le destin qui nous fait !

XII

COMÉDIE DU CARNAGE

Nous portons tous en nous le crime ; si nous ne pûmes le mettre à exécution, il n'est pas moins vrai que nous eûmes l'envie de le commettre ! Par suite, nous avons tous un ennemi juré à qui nous souhaitons la mort (quand ce n'est pas à plusieurs), de telle sorte que, si la haine de chacun était assouvie, personne sur la terre ne vivrait.

Aussi, quand nous sommes en guerre, nous n'épargnons rien ; femmes, enfants, vieillards ne trouvent pas grâce devant nos vengeances. Oh ! sanguinaires que nous sommes ! le tigre l'est moins que nous !

L'enfant n'a-t-il pas en lui l'instinct du carnage. Partout où il se trouve il fait la guerre : dans les rues, il insulte les vieillards, maltraite

est bien depuis lors notre premier père, et Adam par conséquent, est donc notre premier grand-père.

les pauvres crétins au point de les rendre tout à
fait fous, se jette sur les plus faibles que lui et
rit du misérable qui lui tend la main.

Morale. — Enfant on ne peut t'aimer : « Pour
se faire aimer il faut savoir se faire respecter
mais non se faire craindre ». Enfant, serais-tu
parfait, tu ne serais jamais aimé, car il te faudrait trouver des hommes parfaits, et les hommes parfaits n'existent pas en notre enfer qui
est une parodie et un infernal carnage. Son carnage fait frémir d'épouvante, mais sa parodie
amuse et fait pâmer de rire : c'est toujours cela.

Même dans un drame, si terrible qu'il soit,
presque toujours, la comédie viendra s'y allier.

. . . .

La véritable extermination.

Nous sommes toujours en guerre, j'ai dit ; or,
il faut avouer sans honte que nous sommes des
méchants qui massacrons et tuons sans arrêt,
pour le plaisir de massacrer et de tuer.

Un oiseau passe-t-il devant nous au vol, notre
fusil se trouve-t-il à notre portée, le pauvre petit
oiseau, qui est pourtant si inoffensif et qui n'a

EULALIE-HORTENSE JOUSSELIN

jamais fait de mal à personne, recevra, à son
passage, la décharge mortelle de notre instrument. Le sort des petites bêtes domestiques n'est
pas plus heureux que celui des petits oiseaux ;
nous les faisons dévorer par les monstres féroces, détenus en tous les endroits pour qu'ils se
repaissent.

Ho ! pourquoi avons-nous tant de cruauté ?
C'est parce que nous avons un penchant pour le
meurtre.

Ho ! pourquoi faisons-nous toutes ces battues
en forêt ? C'est pour la destruction !

Ho ! pourquoi faisons-nous toutes ces chasses
partout ? C'est pour tuer encore.

Considérons le fermier, n'élève-t-il pas son
bétail pour le faire égorger ensuite ?

On me répondra ici : mais tout se passe com
cela dans la nature, sans quoi on ne pourrait se pourvoir les uns les autres. Alors, c'est
donc une véritable extermination que la vie ! La
folie est donc innée chez l'homme, comme la
rage est innée chez l'animal.

Rien ne pouvant arrêter notre carnage, consi-
dérons-nous alors comme étant tous un peu fous
de naissance, puisque c'est tout naturel de battre
ses semblables et de toujours massacrer les animaux ; c'est comme une éruption qui se produit
en nous, car nous voulons être toujours les premiers conquérants, nous ferions mieux de vou-

loir être les plus sages, la partie serait plus
noble.

Conclusion.— L'homme est bon, je le dis encore, seulement, son instinct pour la bataille l'em-
portant trop souvent, il faudrait, pour qu'il soit
meilleur, le raisonner constamment ; mais, pour
soumettre à la raison les habitants des cinq parties du monde ensemble, il faudrait être le Grand
Maître. Cependant si on pouvait parler sagement
avec tous les humains, pas un ensuite ne serait
capable d'une mauvaise action, car, si l'homme
penche facilement vers le mal, on le ramène
plus facilement au bien. Par exemple, dans une
réunion, il s'y trouve toujours des méchants pour
pervertir les autres.

Le corrupteur entraînera bien des cerveaux
vers lui, c'est vrai. Mais si un homme sage se
montre pour rappeler à l'ordre le corrupteur,
alors tout changera de face, et le méchant se
courbera de honte. L'assemblée acclamera
l'homme supérieur, et comme le héros de la fa-
ble qui tua les deux serpents qui étaient venus
pour le faire périr, elle écrasera le traître. . .

. . . .

Le plus vil des hommes s'inclinera toujours
devant le sage, et le plus souvent, méprisera le
bandit son accolyte. . . . .

. . . .

Le carnage humain.

Le dernier des scélérats a plus besoin qu'un autre d'être consolé et rappelé au bien ? Mais, au lieu de le consoler, nous l'accablons encore plus. N'est-ce pas toujours le carnage humain ? Ne jetons jamais le blasplème à autrui ! car demain hélas ! nous fera peut-être subir le carnage humain (1)

Nous qui sommes probes aujourd'hui, qui nous dit que demain ne nous fera pas meurtrier, car, si on e t le maître de sa probité, on ne peut pas toujours raisonner sa colère ni sa passion. Quel est donc l'homme qui peut répondre de lui, et qui peut dire à l'avance : je ne ferai jamais cela !

Je le dis, nos destinées sont écrites à l'avance.

Je le dis, il est impossible de fuir la sentence qui doit nous frapper.

Je le dis, on a vu des hommes probes jusqu'au scrupule qui, en une heure maudite, quoique ayant déjà un pied dans la tombe, satan les poursuivant de son souffle impur en a fait des meutriers.

(1) 'Qu'on se rappelle du feuillet sentencier que j'ai expliqué dans le livre I.

EULALIE-HORTENSE JOUSSELIN

LIVRE QUATRIÈME

LES AMES

LIVRE QUATRIÈME

LES AMES

Le penseur ne parle qu'à lui. La société l'importunant il vit avec ses pensées que, religieusement il savoure dans sa retraite ; il est heureux dans ses moments d'extase et de tumultes muets, car il croit qu'ils vont rendre bons tous les hommes.

I

L'AVEUGLE A PLUS DE LUMIÈRE QUE CELUI QUI LE CONDUIT

Cherchons la vérité.

Chassons l'erreur.

Que deviendraient les aveugles de naissance qui n'ont que leurs lèvres souriantes pour plaire, si les regards étaient l'âme, ainsi qu'on le prétend. Pourrait-on croire qu'ils n'ont pas une âme comme ceux qui ont la lumière matérielle ? seulement,

EULALIE-HORTENSE JOUSSELIN

ils n'ont pas comme ces derniers à combattre
l'âme du corps.

Remarque. — L'âme, la pensée et la conscience, je les appelle : l'âme céleste ; mais le cerveau, le corps, les yeux et le cœur, je les appelle : l'âme matérielle. Le cœur est un morceau
de fressure qui opère les mêmes ravages que le
sang et s'égare de la même manière; tandis que
l'âme n'étant pas faites de matière, ne peut pas
bouillonner comme le sang, ni battre en son enveloppe comme le cœur.

Ne dites jamais un homme à bon cœur, mais
bien un homme à bonne âme.

Le mot cœur employé figurément devient une
expression énergique et puissante qui sert à
exprimer un sentiment élevé ou bas, il doit donc
cette attribution parce qu'il est l'organe de la
vie du corps. Le cœur (comme le sang) ne peut
soulever aucun sentiment, puisqu'il n'est en réalité qu'une machine qui fait fonctionner le corps
et que, sans le premier, le dernier n'existe plus ;
tandis que l'âme fait par moments ce qu'elle
veut du corps ; par exemple, quand elle s'ab-
sorbe dans ses pensées, et que son corps est en
chemin, ce dernier marche alors sans savoir où
il va et sans se fatiguer même, le corps tomberait alors, dans un précipice sans s'en apercevoir).
Mais lorsque l'âme, pense à trop de choses, elle

fini par ne plus penser à rien, alors le cerveau, s'aperçoit de ses erreurs. . . . .

. . . .

Je disais plus haut, que l'aveugle n'avait pas à combattre l'âme du corps, de sorte que, ses regards mystérieux sont plus profonds que les regards mystérieux de l'homme à qui le Grand Maître donna la lumière matérielle pour éclairer sa fange (1); l'aveugle n'a pas à combattre cette lumière).

Je le dis, l'âme matérielle et l'âme céleste ont chacune leurs regards ; on ne peut prendre les yeux de son voisin, eh bien ! l'âme matérielle et l'âme céleste sont à cet exemple ; quand les regards célestes regardent, ils n'ont point de rapports avec les regards matériels. Je veux dire que, l'âme céleste à des ailes mystérieuses qui ont des yeux perçants. Ces ailes mystérieuses aux yeux perçants voyagent toujours sans jamais s'arrêter, par conséquent, ils n'ont rien à faire avec nos yeux matériels qui, contrairement, jamais ne nous quittent, ou alors ce serait pour tomber aveugle ; or, il n'y a bien que les ailes mystérieuses : qui sont l'âme, qui ont des rapports avec le corps; mais non les yeux perçants.

Les regards matériels que j'appelle Satan :

_____

(1) Son corps.

qui sont nos yeux, font naître en notre âme céleste toutes les suggestions du mal et tous les
désirs, sans exception, dont elle ne peut même
se défendre.

L'aveugle est plus heureux que nous, parce
qu'il approfondit mieux le mystère et alors, a-t-il
besoin de notre lumière ? Vraiment non, il ne la
désira même jamais !

Son âme qui est grande et riche remporte les
lauriers sur sa fange (1), car elle ne connaît
point de fautes, car elle n'a point satan (2) à combattre ; et, si les rêveries de l'aveugle sont vraies,
c'est parce qu'il jouit, mieux que nous, de ses
suaves pensées, car elles ne sont point troublées
par les passions, par les désirs, par les vices et les
crimes, dont il est même exempt. L'aveugle à la
vraie lumière ; tandis que nous, dans le songe
journal (3) nous n'avons, par instants, que la lumière qui éclaire notre fange (4).

Preuve. — Quand nous sommes en chemin,
tout ce qui frappe nos regards fait arrêter
notre marche, si bien, qu'en notre cerveau,
il s'opère à tout instant une transformation su-

(1) Son corps.
(2) Les yeux.
(3) Du jour.
(4) Le corps.

bite, qui fait chasser loin de lui ses premières
idées.

Nous, les vrais aveugles, ne plaignons point celui qui est aussi pur que l'enfant ; ne plaignons
point celui qui n'aima que la voix qui a su le
charmer, cette voix qu'il aime se fait entendre,
mais elle ne se fait point voir, car elle est cachée
comme l'âme ; voilà pourquoi l'aveugle s'énivre
de ces sons mélodieux (1), voilà pourquoi il aime
avec ardeur et sincérité le mystère ; car c'est
l'idéal qu'il aime, tandis que nous : c'est le corps !
mais au lieu d'entendre le mystère, si l'aveugle
voyait le corps, peut-être qu'il ne l'aimerait plus.
Pour bien prouver cette vérité, je dis ceci : si l'on
pouvait mutuellement échanger sa tête pour l'appliquer sur d'autres épaules et ainsi de suite,
nous l'aimerions toujours.

Un corps plus ou moins bien fait, une démarche plus ou moins distinguée, une âme
plus ou moins perfide, eh ! que peut faire cela,
puisque malgré tout nous n'aimons que la figure.
Ne sont ce point d'abord les regards de cette
figure qui ont frappé nos regards ; mais sur les
qualités et sur les vertus de l'âme céleste ; sur
ses passions et sur ses vices... Ah... nous sommes
moins difficiles, puisque nous jetons au vent les

(1) La voix.

bons et les mauvais sentiments du sujet préféré
pour n'aimer que sa tête. Or, il est clair que, si
l'on pouvait retirer sa tête de ses épaules, pour
l'appliquer sur d'autres épaules, nous aimerions
tous les corps et toutes les âmes. Eh bien ! en ce
cas, je dis que nous n'aimons personne, et, par
un étrange contraste quoique ne voulant aimer
que le sujet qui nous plait, nous aimons tous
les gens qui ne nous plaisent pas.

L'amour qu'a l'aveugle pour les siens prouve
bien que nous avons une âme céleste, puisqu'il
ne voit que cette âme à qui il a donné sa foi
alors, pourquoi plaindre celui qui ne voit pas
vieillir les êtres qu'il aime tendrement. Oh !
qu'il est heureux de ne pouvoir contempler avec
satan ses yeux, l'enveloppe de ceux qu'il regarde
toujours avec son âme (1).

Je le dis, le mystère a toujours le même âge ;
voilà pourquoi l'aveugle le voit toujours beau.
La place de l'aveugle sera belle dans les Planètes
Rocheuses, puisque pour ne pas avoir de tentations sur le globle capricieux, il refusa à sa
naissance la lumière matérielle.

Quand la fange (2) s'affaiblit, nos regards tombent graduellement ; aussi, que deviendrait alors

(1) L'aveugle a généralement le caractère doux, le sourd-
muet a plutôt le caractère irrité.

(2) Le corps.

l'âme céleste si elle s'en allait en même temps
que l'âme matérielle ?

On comprendra ici que Satan nos yeux n'ont
point de rapports avec les regards perçants qui
sont aux ailes de l'âme céleste puisqu'il faut
habiller l'aveugle, lui faire prendre sa nourriture, le conduire par la main ; enfin, il ne peut
rien faire seul ; malgré cela ses pensées sont si
vraies, qu'elles laissent aux lèvres de certains
aveugles un sourire continuel.

II

LA PENSÉE

Nous venons de voir par l'aveugle, qu'il y a
en nous ni miroir ni seconde vue, ainsi qu'on
le prétend. Mais il y a une âme mystérieuse.
Preuve, quand notre pensée s'arrête sur une
personne amie ou ennemie, ne nous semble-
t-il pas qu'elle nous apparaît soudainement ; mais
si nous fermons les yeux, ou bien encore, si nous
avons ces pensées dans la nuit, l'apparition
alors sera d'une ressemblance frappante, au
point même qu'on croit entendre parler le sujet

10.

évoqué. Les lieux que nous avons visités en
marquant l'espace qui nous sépare d'eux, nous
apparaîtront avec la même réalité que le premier.

Ce n'est pas l'âme du corps (1) qui voit au
dela de tout, non ! mais bien le deuxième monde
qui est en nous qui a des ailes mystérieuses,
aux regards perçants, puisqu'à ces visions la
nuit est favorable, ainsi que les lieux obscurs.
Ce deuxième monde se commande et s'obéit
et se transporte en une seconde sur les lieux
qu'il veut visiter ; tandis que, nos regards matériels n'étant faits que pour éclairer notre corps ne
voient pas toujours juste et ne peuvent même
voir le sublime.

Puisque nous avons tant de pouvoirs sur le
deuxième monde qui est en nous, sommes-nous
Dieu ? Non ! car les créatures aussi grandes qu'elles soient, ne pourraient jamais, dans le songe
du jour, commander elles-mêmes, voici pourquoi:
notre corps n'étant que matière et notre cerveau
n'étant pas très bien équilibré, il faudrait, pour
que l'âme ait toute sa puissance que le corps
prenne son repos permanent ; par suite, pour que
nos commandements soient justes, il faudrait que
notre corps soit achevé, tandis qu'il manque à ce
dernier les qualités premières qui sont le point

(1) Les regards matériels.

de départ de la vérité, puisque le cerveau commet erreurs sur erreurs, fautes sur fautes, étourderies sur étourderies, quelles capacités alors aurait-il pour reconnaître les biens de la terre? il ne sait fabriquer que l'artificiel. Eh bien! nulles choses ici-bas ne pouvant naître seules, il y a un Grand Maître.

Pourquoi le corps n'a-t-il pas le pouvoir de commander, soit le jour, soit la nuit demandera-t-on? — Je répondrai : quand l'âme matérielle est debout, l'âme céleste n'a plus toute sa puissance, et, encore une fois, je le dis, le cerveau n'étant pas fini n'est autre qu'un écervelé. Mais si l'homme pouvait avoir devant lui, quand il dort, sa vie matérielle, il serait alors aussi fort que le Grand Maître, car ses commandements seraient sans erreur.

Le corps n'est donc rien et ne peut même rien faire dans sa vie nuitale (1), car il est fait pour le songe du jour comme l'âme est faite pour le songe de la nuit.

(1) La nuit.

III

CHANTONS LE « TE DEUM »

Si nous n'avons pas une âme ; s'il n'y a pas une autre vie après nous, de quel droit alors se permettrait-on d'expédier les honnêtes gens dans le néant ?

Comment, je n'ai pour moi que la terre, et je ne puis y rester jusqu'à ma vieillesse ? Cette terre n'est que misère, c'est vrai, mais n'importe, elle m'appartient comme à tout le monde, et, en remerciements de ses charités, je lui donne mon travail, ma bonne conduite et l'enrichis de mon savoir. Cette terre alors doit me rendre heureux et tranquille, et ne m'emporter dans son sein qu'à mon extrême vieillesse. Et ceux qui ne font rien pour enrichir la vallée du travail, emploieront tous les moyens pour faire périr nos pères, nos femmes et nos enfants, et se rueront ensuite sur nous pour nous chasser aussi des enfers ! eh quoi ! en voulant tout anéantir, n'auront-ils pas tout pour eux ?

S'il n'y a pas une autre vie, défendons-nous devant l'attaque ! et même commençons l'atta-

que! soyons les vainqueurs et chantons le *Te
Deum* devant les meurtriers ! car nous voulons
vivre heureux, et surtout, nous voulons vivre
longtemps dans la vallée du crime, qu'importe !
il faut que tous les hommes y aient une destinée heureuse, et qu'ils ne périssent plus à la
fleur des ans.

IV

LA TERRE ET SES NOURRISSONS

Et toi, terre bénie, terre maudite, que fais-tu ?
serais-tu indifférente à la souffrance de tes petits
comme l'ingrat qui te déchire les mamelles,
trouves-tu qu'ils ne se précipitent pas assez vite
dans tes flancs béants et infatigables ? Terre
insensible, tu n'es qu'une meurtrière ! car, ne
devrais-tu pas, sans préférence, fortifier tes fiers
et courageux nourrissons.

Ce que je produis, doit répondre la terre :
enrichira tous mes enfants; n'ai-je pas assez de
grandeur d'âme pour les prendre tous dans mon
tombeau ? Mais, pour que mon intarrissable
mamelle puisse les nourrir, il faut que, tout de

suite, ils se mettent à la besogne, et qu'ils chassent loin d'eux les fainéants, les déréglés, les tyrans, car je ne veux point les sentir sur mon sein.

Terre ! tu as raison ! si nous nous mettions à défricher les forêts-vierges et tous les terroirs du monde qu'on laisse inculte, nous récolterions beaucoup plus de produits qu'il en faut pour nous nourrir et alors, personne dans la vallée des douleurs ne souffrirait de la misère ; que tout le monde se mette à la besogne, nous sommes aux enfers pour cela, et puis, notre mère, la terre, ne veut plus rester sans caresses. Entendez-là appeler avec instance, ses enfants.

Obéissons !... ne fuyons plus le terroir qui nous vit naître, reprenons le costume national, mettons les bœufs à la charrue comme l'ont fait nos ancêtres ; et notre mère, la terre, ne pleurera plus l'ingratitude de ses enfants, qu'elle aime ; ou bien... mourons tous sur l'heure !... non !... nous voulons vivre !... alors... courons tous au labeur des champs, et les hommes seront tous riches, bons et forts.

Nous labourerons les terres, nous filerons les tissus et nous bâtirons les cabanes et les coquettes chaumières. Mais pas de luxe ! Le luxe conduit à la décadence ; qu'on se rappelle ici la ruine de Babylone, ce peuple de l'Asie qui périt par le luxe. Il faut que les hommes soient bons et justes, et qu'ils aient une quiétude parfaite sans danger ni péril. Mais pour arriver à cette félicité qui est inconnue de tous, reportons l'or à la terre ; car le bonheur vaut mieux que l'or et empêche l'homme de s'écarter de la voie du bien.

V

LA MORT DE L'OR

Il faut de l'or on le sait, car, aujourd'hui on ne pourrait vivre sans ce métal ; aussi, homme, ne vis pas en bohême, sois comme la fourmi, pense à demain et à l'avenir de tes enfants. Mais pour parler juste, croyez-vous que, s'il n'y avait pas d'or dans notre vallée avide de possession, nous ne serions pas quelques milliers de fois plus heureux ? Croyez-vous que, celui qui court après l'or et après la gloire, ne mène pas une vie terrible ? Mais, ce qu'il y a de plus navrant, c'est que, bien souvent, on ne jouit même pas dans notre vallée injuste, du fruit de son labeur, à cause de la mort qui nous emporte.

Croyez-vous que le lit de mousse ne nous reposerait pas mieux que le lit d'or ? Croyez-vous que notre corps ne serait pas plus à l'aise s'il était entouré de draperies simples, plutôt que d'être affublé de cet arnachement comique qui bien souvent le martyrise ?

Et pourquoi faire avons-nous toute cette vaisselle etc. ? — pour abîmer nos mains à la laver ! Et pourquoi faire avons-nous tout ce luxe ? — pour nous briser les reins à le nettoyer ! Pour le peu de temps que nous passons sur la terre, je vois que nous faisons de notre mieux pour nous martyriser, à quoi, au reste, nous réussissons à merveille.

Remarque. — Toutes les tortures que nous endurons exprès, sont pour le monde. Si nous étions dans une île déserte, jamais l'idée ne nous viendrait de nous faire souffrir : aurions-nous même tout à flots. . . . .

. . . .

Prenons exemple sur les Grecs dont le luxe des nappes était exclu de leur table, ainsi que les serviettes; ils n'avaient même ni couteaux, ni fourchette. Pour les plats solides ils se servaient de leurs mains qu'ils essuyaient au pain, et, pour les plats liquides, ils se servaient d'une espèce de cuiller.

L'homme qui a inventé que l'or serait maintenant une monnaie propre pour les besoins né-

cessaires à la vie d'autrui doit, s'il est dans les
airs, se tenir les côtes de rire en voyant le bou-
leversement que fait son invention. Quoi donc
peut être comparé au carnage qui se déroule pour
l'or dans la vallée du crime ?

Judas vendit Jésus-Christ pour de l'or, et les
traîtres ont vendu leur patrie etc., si l'or cause
les rires, il cause les pleurs.

Si l'or cause le bien, il cause le mal.

Si l'or cause les grandeurs, il cause les bassesses.

Si l'or rachète le crime, il perd l'honneur.

Bannissons l'or, ce Dieu suprême qui martyrise et tue l'humanité. Bannissons l'or le précur-
seur du mal.

VI

VIS COMME LA BÊTE, MEURT COMME ELLE

Quand on réfléchit à la vie, on se demande ce
que l'on vient faire sur la terre. Voyons, après
nous serait-ce le néant ? Pourtant, les destinées
des hommes prouvent le contraire. O ce serait
terrible ! qu'après nous tout soit consommé. Ne
faut-il pas que le traître soit châtié ailleurs, et
que le juste soit récompensé. Et, mon Dieu ! que
serait donc la vie, sans cela ?

EULALIE HORTENSE JOUSSELIN   11

Si après noustout retourne au néant, pourquoi alors se donner tant de mal.

Pourquoi donc tant penser aux morts, et pourquoi tant honorer leur mémoire ? Est-ce la peine de respecter leurs restes ? Est-ce la peine d'avoir pour eux des sentiments de crainte religieux ?

Est-il nécessaire de garder un culte sacré pour les dernières volontés des morts puisqu'après eux on n'a plus d'aïeux, plus de père, plus de femme, plus d'époux, plus de fils, plus de fille ?

Si tout meurt avec le corps, est-ce la peine de garder son nom honorable et sans tache ? Si tout meurt avec le corps pourquoi a-t-on les préoccupations du nom, de la postérité ?

Pourquoi les lois, pourquoi les législateurs, pourquoi l'union sacrée du mariage devant Dieu ? pourquoi meurt-on d'amour ? Pourquoi, comme Adam et Ève le firent, se sauver devant ses fautes ? Pourquoi fuir l'approche des hommes quand on veut échapper à leur justice ? Pourquoi a-t-on des angoisses et des remords ? Pourquoi se détruit-on quand on veut échapper à la honte ? Pourquoi a-t-on le repentir de ses fautes à l'heure suprême, et pourquoi pardonne-t-on à ses ennemis ? Si tout meurt avec le corps, pourquoi rendre tant d'honneurs à la mémoire des grands hommes ? Pourquoi la famille ? pourquoi le travail ? Pourquoi tant d'ambition ? Pourquoi toujours avancer ? Pourquoi l'honneur ? Pourquoi la Patrie ?

Pourquoi être fiers de ses aïeux, de leurs glorieuses conquêtes, de notre belle histoire ? C'est à tous que je m'adresse ; à vous historiens en premier lieu ! Pourquoi vous donner tant de mal !... fermez vos feuillets... et vous, grands hommes, ne pensez qu'au repos ?

Puisqu'après-nous tout retourne au néant, vivons alors comme la bête. La bête ne ressent rien !... et nous ne serons plus assujettis à toutes les maladies, à toutes les douleurs d'âme ! et nous crèverons comme elle dans un état caduc.

Puisque la bête nous montre l'exemple, et pourquoi ne pas le suivre ? Allons ! Reposons-nous sur nos gloires ; et vantrons-nous comme elle en tous les endroits. Eh bon Dieu ! puisque nous sommes bêtes, pourquoi alors sommes-nous nantis de notre pudeur, qui est en nous bien incrustée ? Pourquoi de même les peuples incultes sont-ils à notre imitation ? Et... puisqu'en bêtes nous voilà transformés tout à coup, alors, chassons loin de nous cette décence... elle nous importune !

Et toi, mère, pourquoi tant tenir a l'honneur de ta fille, et pourquoi veilles-tu sur la conduite de ton fils ? Et toi, époux trompé ! Pourquoi pousser le scrupule jusqu'au ridicule ? N'as-tu pas dit que, les restes de ton épouse infidèle, ne reposeraient jamais après ses jours, auprés des tiens ? Allons ! extravagant, puisqu'après toi il n'y a plus rien, ne t'occupe donc pas de ce qui ne sera rien aprés toi !

Et toi, femme, ne fais pas tant de manières, allons hop ! sors de ton palais ou de ta tannière ! Eh ! qu'importe l'expression, es tu autre chose qu'une bête. Surtout ne rougis plus, surtout ne te cache plus, surtout n'affuble plus, ce que tu appelais avant que tu te saches bête, ta chasteté, ta nudité ! La bête elle, se soucie peu des conquêtes de ses aïeux ; tandis que nous, qui ne sommes que des fous ! pour les immortaliser, nous nous démenons au point de nous dépendre la rate. Et, pourquoi faire, grand Dieu ! Foulons donc à nos pieds nos postérités éteintes, et laissons ces fauves pourrir tranquillement dans leur bière. Vraiment ! s'ils pouvaient voir nos larmes et nos cérémonies permanentes qui ravivent leurs souvenirs, ils éclateraient de rire dans leur bière, au point de faire voler dans les airs le lieu où ils reposent... Lieu respecté !...

Ho ! nous mettre aussi bas que la bête ! Ho ! nous mépriser à ce point ! Ho ! n'est-ce pas pour nous une honte !

VII

LE SONGE DE LA NUIT

S'il n'y a pas une autre vie, pourquoi les morts nous apparaissent-ils dans nos songes, toujours jeunes et beaux, toujours souriant comme autrefois ? (c'est-à-dire, ceux qui meurent jeunes). Dans ces songes, nous sommes, comme soudés l'un à l'autre, et l'amour des deux âmes (du mort et du vivant) se triple, nous ne pourrions avoir, l'un pour l'autre, un pareil amour dans le songe du jour, (telle est la haine, elle monte au paroxysme du mépris (1), apparemment que, dans ces moments de délices, la masse du corps est morte ; il n'y a maintenant que l'âme céleste qui agit et s'attache, comme un fil électrique, à l'âme du mort ; et si, dans les songes, les morts et les vivants se retrouvent et vivent ensemble comme autrefois, c'est donc parce que les deux corps sont sans vie, c'est à dire le corps du vivant doit-

(1) Je dis au livre V (Nota du chap. xx) la cause qui nous fait voir dans nos songes le corps du mort vêtu de hardes, quand pourtant c'est son âme qui vient nous voir.

être comme mort par son sommeil profond, et le corps du mort l'est par son sommeil éternel ; autrement, les deux âmes ne pourraient pas communiquer ensemble.

Quand les songes sont plus insignifiants, et que maintenant de loin en loin nous voyons nos morts, c'est qu'ils possèdent les joies célestes et n'ont plus le pouvoir de nous visiter si souvent.

« J'ai perdu un parent que j'aimais me dira-t-on, mais alors comment se fait-il que jamais il ne me soit apparu en songe ? »

Ah ! voilà ! votre parent a peut-être des alliés qui lui sont plus chers que vous, alors, il se rendrait de préférence vers ceux qu'il aime, ou bien, si c'est un indifférent, il restera où il est sans s'occuper de personne, ou encore, il serait venu sitôt après sa mort prendre une nouvelle existence aux enfers pour expier ses fautes. D'autre part, si cet homme mena une vie modèle dans la vallée du crime, il resta alors peu de temps dans l'espace et s'en alla, quand il fut purifié au purgatoire, dans les Planètes Rocheuses. Je ne puis assurer où il est, mais je puis dire qu'il habite l'un ou l'autre de ces endroits. « Pourquoi les morts ne protègent-ils pas les vivants, et n'empêchent-ils pas les catastrophes qui se succèdent peut-être plus que quand ils étaient là ? »

N'allons pas croire que les morts peuvent in-

EULALIE-HORTENSE JOUSSELIN .

tervenir dans nos malheurs, auraient-ils même quelques droits que, d'une autre part, ils entraveraient le bonheur qui nous attend à l'Outre-terre, les morts ne peuvent donc nous consoler que dans le songe nuital (1). Mais, quand pendant des heures et même des jours nos pensées sont entièrement à eux, c'est qu'ils sont là tout près de nous, mais, nous ne les voyons pas.

Ici je me trompe, cette apparition au contraire, est presque la réalité. (Que ceux qui ont perdu des membres chers se souviennent).

Nous n'entendons plus la voix attrayante de nos morts, c'est vrai, mais ils sont toujours autour de nous, de telle sorte que, nous vivons encore plus avec eux que quand leur image vivante était autrefois à nos côtés. Nous nous croyons toujours seuls, même nous fuyons la société. Eh bien ! nous sommes moins seuls que ceux qui recherchent le monde, puisque nous parlons sans cesse avec nos morts, ne sentons-nous pas que nous sommes toujours en compagnie ?

Nous les attendons, nous croyons qu'ils vont apparaître, nous avons raison, ils nous attendent aussi.

Notons encore ceci que j'avais oublié de dire : quand les morts nous apparaissent dans nos songes, ou qu'ils soient dans une mauvaise tenue,

(1) De la nuit.

ou très malade, ou même en bière, c'est que les souffrances qu'ils endurent dans l'espace sont horribles ; alors pour les consoler et apaiser leurs maux, prions avec eux.

Le songe de la nuit.

Si les malheurs éclairent les âmes qui ont la foi, ce sont les morts qui les tiennent dans cette voie de l'espérance qui conduit au bonheur, car, les morts ont plus de pouvoirs que les vivants (1), preuve par le meurtrier. Le meurtrier n'a-t-il pas des remords sa vie durant ? puisqu'il demande toujours grâce au mort qu'il a frappé, et que son agonie, quand il meurt est terrible (2). Et, n'est-ce donc pas l'âme du mort qui partout poursuit son meurtrier ; alors, la mort est plus forte que la vie puisque c'est l'assassiné qui est dans l'air qui poursuit partout l'assassin qui est sur la terre.

Remarque. — Le remords est parfois poussé à un si haut degré chez divers sujets coupables,

(1) Voir ce que j'ai dit à ce sujet au livre III, chapitre : Mort de l'enfer antique.

(2) Voir ce que j'ai dit à ce sujet au livre III, chapitre : Devant la mort !

qu'on en a vus se livrer eux-mêmes à la justice
des hommes, parce que les morts les terrassaient
et les agonisaient.

Je le dis, l'âme du mort persécute son assassin
jusqu'au moment que ce dernier recommence une
autre vie, et le mort ne peut, et ne veut même
habiter une autre Planète, avant que son oppresseur ou son meurtrier ait expié ses crimes jusqu'à
son trépas, car l'assassiné doit toujours pour-
suivre son assassin jusqu'à sa mort. . . . . .

. . . .

Il en est de même du bon et du méchant qui
habite la vallée du crime, le juste n'est-il pas
tout puissant, puisque devant lui, le méchant
baisse le front.

. . . .

Ce sont les Grecs, dit-on, qui prouvèrent les
premiers, l'existence de l'âme ! Voilà encore une
erreur de plus qu'il faut ajouter à tant d'autres,
étant donné que toutes ces choses mystérieuses
sont innées chez les hommes, puisque les morts
les suggèrent sans arrêt à tous les peuples, et
cela dure depuis la chûte de notre premier grand-
père Adam.

Je le dis, les avertissements, les présages.
nous viennent des âmes des morts ; car nous ne
pouvons rien deviner.

11.

Le songe de la nuit.

Si nous sommes calmes, notre nuit se passera dans un doux sommeil ; si nous sommes inquiets, notre sommeil sera agité. Cela prouve que l'âme céleste est en rapport avec l'âme matérielle le temps qu'elle prend son repos quotidien, et quoique la première, quand elle voyage, se détache de son serviteur : qui est son corps, elle reste en commun avec lui, sauf les yeux perçants, je l'ai dit ; qui sont aux ailes de l'âme, n'ont rien à faire avec e corps.

Le songe de la nuit.

La nuit ne porte point conseil comme on le dit ; ce sont les morts qui instruisent l'âme céleste, puis ensuite, l'âme céleste donne des conseils à l'âme matérielle, mais cette dernière ne peut point donner de conseils à l'âme céleste, parce qu'elle meurt, et qu'elle s'en retourne en pourriture. Voilà pourquoi l'âme céleste est plus forte que l'âme matérielle.

Ceux qui sont seuls aux enfers, et qui n'ont point connu leur famille, me diront : « Les morts ne peuvent point me donner de conseils, puisque je suis seul au monde. On aurait tort de se croire sans alliés, la famille qu'on a est au contraire incalculable, écrasante, puisqu'elle se compose de tous les peuples anéantis, présents et à venir; n'y a-t-il pas de quoi se distraire jusqu'à l'extinction du globe.

Je dis, quand l'âme céleste est séparée de son corps et qu'elle a trop voyagé et trop souffert, l'âme matérielle est courbaturée à son réveil. Mais, quand l'âme céleste a fait un voyage nuital (1) heureux, le corps alors n'est pas aussi courbaturé, voici pourquoi : l'âme céleste en se séparant de son corps emporte comme un fluide, un courant qui la suit partout; je ne sais quel nom donner à cela. C'est bien cette traînée, qui fait ressentir au corps, ou les joies ou les douleurs que l'âme céleste ressent pendant son voyage, et qui de plus lui donne cette courbature à son réveil ; sans ce courant le corps, pendant le voyage de l'âme céleste, n'éprouverait aucune sensation.

Pour que l'âme céleste puisse remplir sa tâche aux enfers, le courant en question la suit partout, je viens de le dire ; autrement, elle n'aurait plus de limites pour voler dans les espaces, et le Grand Maître lui-même, n'aurait pas d'empire

(1) La nuit.

sur les destinées des hommes. Il y a aussi une
trainée pour retenir les âmes punies dans le purgatoire, sans cela, subiraient-elles leurs péni-
tences ?

Je dis, quand le corps à son réveil reprend ses
sens, il ne fait rien sans le commandement de
l'âme céleste.

Je dis, que l'un ne peut plus agir sans l'autre,
et que le corps dans le songe du jour, quand il
travail, fatigue beaucoup l'âme.

Je dis, qu'ils veulent souvent se combattre,
mais la force majeure les contraint, il faut qu'ils
s'arrêtent.

Je dis, quand le corps se repose la pensée
reprend son pouvoir aussi vite. Cela établit que
la pensée n'a jamais de lassitude.

Je dis, que notre corps est la charrue qui est
commandée par l'âme, laquelle le mène ou elle
peut, mais pas toujours ou elle veut; car, si
l'âme céleste fait ce qu'elle veut, l'âme matérielle fait ce qu'elle peut, c'est-à-dire suit le
feuillet sentencier, qui la commande.

Le songe de la nuit.

Nous passons la moitié de notre vie dans la
mort, et non en léthargie vu que cette dernière

nous laisse tout entendre, tandis que le sommeil permanent, de chaque jour, fait mourir notre corps par interruption, et la mort n'entend lien. Quand le sommeil nous écrase, si nous ne lui cédions pas il nous faudrait mourir; mais lui, l'invincible, cède rarement à nos combats. Il est certaines heures de notre vie, quand nous nous endormons, nous nous sentons alors comme si nous étions bercés d'illusions et entraînés où.. C'est comme un enchaînement de bonheur, une vie nouvelle et bienfaisante qui nous ranime et nous nourrit, et, à mesure que se ferment nos paupières nous éprouvons un véritable soulagement. L'enfer s'éloigne de nous, ainsi que le tourbillon de la grouilante multitude et alors, tout nous semble vague et a jamais perdu ; puis la vie terrestre s'efface, et nous jouissons du bonheur d'une autre vie...

Lorsque le corps reste étendu sur sa couche, calme et sans rêve, en reprenant ses sens il est dispos et léger; mais lorsque l'esprit a trop voyagé, le corps est parfois courbaturé à son réveil, je viens de dire pourquoi, mais à mesure qu'il reprend ses sens, cette courbature se dissipe. Le temps que le corps se repose lourdement, l'autre monde qui est en lui (1) devient

(1) L'âme céleste.

EULALIE-HORTENSE JOUSSELIN

alors plus léger que le zéphir. En ces moments
d'ivresse, il sait tout, connait tout, et voit l'avenir qui l'attend. Le temps que dort cette masse
inerte : esprit, âme et pensée les quelles ne devraient faire qu'un, parcourent l'univers, les rives
inconnues, les mers et les déserts, avec une prestesse telle, que la terre ne tourne pas plus vite.
Les songes ne transportent pas toujours l'âme
loin de son corps, puisque l'âme et le corps passent des nuits paisibles. O !... quel bonheur parfait ils goutent alors, que ne peuvent-ils toujours
dormir ainsi ? Ces nuits bienfaisantes nous emportent, par instants, dans un tourbillon de
délices qu'on ne pourrait avoir étant éveillés fut-
ce même aux jours heureux ; mais quand pour
reprendre la chaîne, le réveil se fait sentir, nous
sommes malheureux d'abandonner cet éden qui
nous a enchantés.

O! ce bonheur nuital (1) n'est qu'une ombre
qui passe, tandis que la vie journale (2) est acca-
blante.

Ces rêves significatifs nous éveillent-ils un
instant, aussitôt que se baissent à nouveau nos
paupières, nous continuons le même songe jusqu'à l'heure où nos sens reprennent leur mouvement.

(1) De la nuit.
(2) Le jour.

Le songe important sur les destinées, est celui
dont je parle, on fait parfois et même souvent
des rêves qui ont moins de conséquences ; ce
sont ces cauchemards ou insomnies qu'on appelle
rêvasseries, parce que l'âme n'est pas tout à fait
détachée du corps ; mais ces rêvasseries n'ont
point d'importances sur les destinées.

Pour que l'âme céleste se sépare tout à fait
de l'âme matérielle, il faut que le sommeil soit
très profond ; c'est alors, en ces moments, que
malgré le réveil du corps, et qu'en refermant de
nouveau ses paupières, l'âme reprend sa vie
nuitale (1) : qui est où l'enfer où le paradis, où
les morts, à ce moment, vivent avec elle,
comme je l'ai dit au chapitre VII. De plus, en
ces nuits de bonheur ou de torture, les besoins
matériels ne se feront point ressentir. Nous
pouvons donc, quand nous parcourons l'univers, les déserts et les océans, vivre sans nourriture.

Je le dis, si nous gardions toujours cette joie,
nous n'aurions jamais faim. Ce n'est donc que
le corps qui a besoin d'être alimenté, puisque,
sitôt le réveil de cette pauvre masse (2), il lui
faut et se nourrir et reprendre sa chaîne. Ren-

(1) De la nuit.
(2) Le corps:

dons-nous à l'évidence, dans ce lieu où règne le parfait bonheur (1). Si on y ressentait quelques besoins matériels, le bonheur n'y serait plus parfait.

Nous éprouvons dans nos songes, ceci n'arrive pas souvent, des tourments qui nous font ressentir des souffrances indescriptibles et qui sont au-dessus de l'imagination, par ce que le Grand-Maître nous fait supporter à l'avance les tortures qu'éprouvent les méchants dans l'espace, et que nous endurerons au purgatoire, si nous le méritons. Aujourd'hui nous savourons la récompense qui nous attend après nos jours, demain nous subirons le châtiment; admirons ces rêves de parfait bonheur, et frémissons aux souvenirs de ces rêves affreux.

Pourrions-nous étant éveillés endurer ce supplice ? non ! il nous tuerait. Il est si vrai que, dans l'espace, il y a des âmes que par instant, il nous semble tout à coup voir apparaître une ombre fugitive, laquelle nous donne à son passage ou un baiser, ou un soufflet effleurés. D'autrefois, nous sentons l'ombre voltiger doucement. Mais, est-ce l'âme céleste qui est l'ombre ou l'âme matérielle ?

Ces ombres : je les appelle la volonté des âmes

(1) L'Outre-Terre.

célestes qui sont sans remords puisqu'elles goûtent la vétitable félicité de notre planète.

Conclusion. — Les âmes qui ont expié leurs
fautes au purgatoire peuvent, avant d'aller dans
les Planètes Rocheuses, demander au Grand Maitre de rester encore dans l'air sans y souffrir, et
de plus, si cela leur fait plaisir de reprendre une
nouvelle existence sur la terre, elles en sont libres.

Je me suis souvent demandé si, les hommes
qui habitent les Planètes Rocheuses, sont à
l'exemple des âmes qui sont au purgatoire. Je
veux dire: ne viennent-ils pas nous caresser de
leur souffle mystérieux ? Je le crois : par cette
preuve de l'enfant, qui vient consoler ses parents
après sa mort.

Ce que je dis n'est-il pas juste, puisqu'en nous
il y a quatre individus. Car, en vérité, qu'y a-t-
il de plus comique que notre petite personne, à
qui chacun fait dire oui et non quand il veut,
trépigner de rage, et sauter de plaisir à la fois ;
et, cette petite personne, est tour à tour bonne
et méchante, passe de la colère au calme et des
pleurs aux rires, elle est charitable et regrette
aussitôt ses bienfaits, pardonne et maudit en
même temps,demande la paix et la guerre à la fois
Voilà notre être. . . . .

. . . .

Le songe de la nuit.

Au fur et à mesure que la fange, à son réveil
reprend ses sens, elle redevient bonne ou méchante, c'est alors que toutes les tentations et les
vices, viennent a flots chez l'homme. C'est comme
un volcan qui éclate en lui. Mais, chez l'adolescent, c'est l'amour qui arrive à son réveil, caresser ses pensées, qui sont... pures... et l'avenir : ah!... il l'entr'aperçoit, et quoiqu'étant si
loin encore, il le voit beau ! son visage alors
sourit doucement, de ce sourire qui est plein
d'espérance, et qui n'a ni haine ni couroux puisqu'il croît que tous les hommes sont justes. Mais
tout à coup il sursaute, il vient de voir, dans une
vision la femme qu'il veut aimer à genoux, et
qui lui sera fidèle, celle enfin, qui lui rendra caresses pour caresses, amour pour amour. Il rêve
toujours, on le dirait plongé dans la béatitude,
ses lèvres sont entrouvertes, sa figure a gardé
son même sourire plein d'espérance, et pendant
ces quelques minutes de félicité, l'univers lui a
appartenu, ô !... et pourquoi n'a-t-il pas quelques années de plus ? et son bonheur serait parfait ! ô... adolescent ! reste toujours adolescent ;
et tu seras toujours heureux.

Si l'on pouvait lire au réveil des hommes, ce

qui va se passer en l'âme de chacun, que de mystère on y découvrirait ; c'est alors que, se souvenant de la lutte de la vie qu'il nous faut tous combattre, chacun reprend sa chaîne quotidienne.

Cours toujours pauvre vieille fange, (1) te voilà donc partie, cahin-caha quêter de ton mieux ta pauvre chienne de vie.

Obligés nous voilà devant les humains, de faire tant de grimaces, de dire tant de mots inutiles, et de plus créer, et bassesses et grandeurs à la fois.

En chemin, si nous rencontrons les méchants et, en jetant d'abord un regard de défi a l'humanité nous les menaçons et les maudissons tour à tour, puis tournant avec dédain nos regards de l'autre côté de la route nous souhaitons que, tous les diables de malheurs atteignent cet autre que nous apercevons et qui, lui aussi... nous fit du mal. Mais dans notre emportement, nous oublions de bénir nos bienfaiteurs ; c'est toujours comme cela : on ne peut pas prouver sa reconnaissance a son supérieur, on ne peut que bénir ses bienfaits).

Nous ne sommes plus qu'une furie, si bien que nous sentons dans nos veines notre sang bouillonner à faire éclater nos artères ; mais tous les

(1) Le corps.

démons, les mauvais esprits, se déchaînent de
de leur victime de la nuit, pour se suspendre de
nouveau après nous, lesquels sont les mauvais
conseillers du jour nous excitant à faire le mal ;
mais il faut les sentir décamper quand le Grand-
Maître vient, la nuit, à nos côtés. Les démons
déchaînés sont là, dis-je, et, riant aux éclats de
notre faiblesse, nous font tomber d'une poussée
droit au milieu du gouffre.

Continue, hurlent ils, en aboyant d'un rire
sardonique, ta pantomime extravagante et enragée, tu seras toujours en notre pouvoir ; si tu étais
un esprit sage, tu laisserais tout aller au gré
du Grand-Maître, mais, tu n'es qu'un vieux
fou !

Oui ! c'est le va et vient perpétuel ; voyez
l'ange ! voyez le démon ! voyez le démon ! voyez
l'ange ! mais libre à nous de chasser les démons
déchaînés.

Dans le songe nuital (1), le Grand-Maître ne
nous quitte pas, c'est alors qu'il nous passe de
son pouvoir, sans pourtant abandonner le sien :

Nous devenons aussitôt ce que nous voulons,
c'est-à-dire, rois ou valets, etc., enfin, nous pouvons embrasser la carrière qui nous plait, car il
s'opère en nous une transformation subite et,
de méchants que nous sommes dans le songe

---

(1) De la nuit.

joural (1) nous voilà tout de suite dans le songe
nuital devenus des demi-dieux. Homme, sache
bien qu'en ces moments, tu es un autre toi-même.

Car je le dis, en toi il y a deux hommes qui
sont : l'homme du songe du jour et l'homme du
songe de la nuit ; vois-donc la différence de nature qui existe entre vous deux : si en toi il y a
deux hommes, tu mènes aussi deux existences
différentes, et pourtant tu n'as qu'un maître
pour te conduire.

C'est le Grand-maître qui le jour te guette,
qui la nuit te veille ; mais tu es si bon en ces
doux songes, que le Grand-Maître alors, n'a pas
de punition à t'infliger.

Cependant tu me dis :

— « Tous, nous avons des songes infernaux ! »

— Je le sais !

« Où il y a des gens diaboliques. »

— D'accord !

Mais personne n'est méchant dans la vie nuitale, et si, dans tes songes, tu as des emporte-
ments ce n'est que pour écraser tes vils ennemis ; de même, si tu es meurtrier, c'est sans
préméditation et sans méchanceté. Aussi, tu es
si tourmenté de ton crime que tu ne sais même
pas où cacher ta victime. Ah ! et tu souffre bien
plus encore que si ton rêve était réel.

(1) Le songe du jour.

EULALIE-HORTENSE JOUSSELIN

Je le dis, jamais tu ne fis volontairement une faute, jamais une mauvaise pensée ne vint volontairement troubler ta sérénité, et tu ne sus pas mentir, (les gens fiers ne mentent pas) car, en cet instant, le Grand-Maître chasse les démons qui t'entourent et alors. ils emportent avec eux leur ruse infernale (1).

Dans ces doux moments, tu es le grand des grands, le génie des génies, et les pensées sublimes te viennent en abondance. Tu voyages quand tu veux, au pays que tu aimes et, tu es même souvent le vainqueur! Tu marches sur les eaux, tu voles sur les monts, dans les espaces et tu es plus fort que le lion. Tu possèdes les quatre arts libéraux ; tu es musicien, peintre, orateur et sculpteur en même temps. Mais sitôt que le réveil se fait sentir, si tu sort de ta couche pour mettre en note, ces merveilles qu'aucun homme n'a jamais rêvées encore, tu n'as même pas le temps de descendre que déjà, tout est hors de ton esprit et, l'âme pleine de regrets d'avoir oublié ton œuvre aussi vite, tu te remets la tête basse, tout penaud sur ta couche. Mais, dis-moi donc pourquoi, ton esprit, n'a pu retenir une phrase de tes poésies? (Mais, elles sont pourtant à toi, ces poésies ?) Parce que, à ton

(1) Voir ce que j'ai dit au sujet des démons, au livre III, mort de l'enfer antique:

réveil, tu n'es plus qu'une masse lourde, et une
masse lourde, ne saurait retenir ce qu'elle n'a
pas appris. Il n'y a donc bien que ce que l'homme
n'a pas créé dans ses songes, et qui frappent ses
regards, dont il peut se souvenir à son réveil ;
mais ce qui vient de l'âme céleste, et qui a été
créé dans les songes par cette dernière, s'enfuit
au réveil du corps, juste au moment que l'âme
céleste reprend, après avoir voyagé, sa place
dans son enveloppe. Toutes les merveilles inexplicables que l'homme crée dans ses songes, tous
les voyages qu'il fait dans les régions de l'espace
etc., s'envolent de son esprit comme le fait
l'âme céleste quand, dans le songe nuital (1)
elle se sépare de l'âme matérielle. Où s'en sont-
elles allées, toutes ces beautés qui t'ont fait
tant de bien, pendant le sommeil de ton corps ?
  Homme, tu ne saurais le dire !

Conclusion. — L'homme ne se souvient que
de ses songes qui sont des avertissements pour
son avenir à notre enfer, mais auxquels il ne
prend pas attention, tandis que, les merveilles
qu'il crée et les tortures qu'il endure, sont des
avertissements pour son avenir, dans une autre
vie. Ainsi que je l'ai dit plus haut.

(1) Le songe de la nuit.

Qu'on se souvienne Joseph expliquant à Pu-
tiphar d'après ses songes, les sept années d'a-
bondances et les sept années stériles. . . .

. . . .

VIII

LA PUISSANCE DE L'AME CÉLESTE

L'âme parcourt l'univers quand elle veut;
mais il faut, pour qu'elle puisse agir, que le
corps soit en repos. Jugeons de sa puissance :
dans le jour, elle se représente ce qu'elle désire
voir et, dans la nuit, elle va où elle veut, sans
véhicule ni ballon. Pour prouver la puissance
de l'âme céleste, je vais dire ici un mot sur
les somnambules (je les appelle somnambules
matériels) et sur le cerveau du fou. Que dirons-nous des somnambules matériels à qui
l'on voit franchir tous les périls, qui sont pour
eux, sans danger. Pourrions-nous croire que
ce soit le corps qui agit sur l'âme ? Vraiment
non. Mais l'âme, qui alors, a toute sa puissance,
fait travailler son corps bien malgré lui ; au
reste, le corps du somnambule matériel, est
éreinté à son réveil, et ce serait, dit-on, vouloir

le faire mourir, que de le réveiller, en ces moments périlleux. Sait-on pourquoi le somnambule matériel n'a pas souvenance, à son réveil, des dangers qu'il a encourus pendant ses songes ? Le mystère n'est pas difficile à deviner ; Il est vrai que les choses trouvées, sont faciles à trouver. Et bien ! c'est parce que le corps du somnambule matériel a marché avec son âme. J'ai souvent pensé ceci : Il y a assez de temps que l'on sait ce qui se passe aux enfers, en bas, ne peut-on pas monter dans les Planètes, en haut ; avec notre volonté, essayons d'envoyer les âmes à l'Outre-terre, pour savoir si elles parleront.

Etablissons, tout de suite, une société de gens d'élite et alors, nous marcherons vers ces pays ; mais pour arriver à faire ce miracle, il faudrait avoir une foi a toute épreuve, et une volonté de fer, et encore, je doute du succès. J'ai dit que j'allais ajouter quelques mots sur le cerveau du fou. Si le fou ne sent plus les douleurs que ressent son corps, c'est que son cerveau et son corps ne sont plus rien ; or, le cerveau ne peut donc être atteint sans que le corps s'en ressente. Serait-ce maintenant son âme qui aurait plus d'empire sur son corps ? Sans doute, seulement, son corps étant en vie, voilà pourquoi le fou divague complètement par instants.

Dans certains moments nul n'a autant d'esprit que divers fous ; mais, puisque le cerveau du fou est soi-disant vide, pourquoi donc a-t-il de l'esprit par instant ? seulement, il a perdu son intelligence, et nous les aveugles vrais, quand le fou a le plus d'esprit nous le traitons de fou à lier. Qu'est-il de plus téméraire que le fou ? il brave tous les dangers sans périr, parce que son cerveau n'est plus rien ; par suite, il a une adresse à toute épreuve, et passera son corps, ou un enfant ne passerait le sien qu'avec difficulté ; de plus, il possède une force surnaturelle. Son cerveau étant vide, dit-on, voilà pourtant un cas bien étrange. Mais alors que faut-il conclure sur le fou ; ses forces ne devraient-elles pas s'en aller avec son cerveau ?

Les personnes prises de fièvres violentes ont le cerveau vide de la même manière que le fou dira-t-on et sont fortes aussi. Je le sais, mais elles sont bien moins fortes que le fou, et au lieu d'être adroites comme lui, elles brisent ce qui entrave leur chemin, et au lieu de passer leur corps dans un trou de taupe, l'entrée d'une cathédrale serait encore trop petite pour elles. Il faut ajouter aussi, que

---

(1) Le cerveau, qui n'est utile qu'au corps, quand il se met au travail, et qu'il est lucide, retire alors à l'âme et au corps beaucoup de leurs forces, preuve palpable par le fou, dont le cerveau est, soi-disant vide, et dont la force est, pour cela, surnaturelle.

le fou marche plutôt droit, et que les gens pris
de crises nerveuses, se roulent sur la terre.

Revenons maintenant aux voyages de nos
âmes et de nos corps.

Dans le songe du jour, nous menons aussi partout notre pauvre charrue(1), mais encore, faut-
il la traîner ou la faire traîner ! Bon Dieu, que
de préparatifs il faut faire avant le départ, que
de paquets on doit faire suivre avec soi : quel
plaisir de voyager ! Et en chemin, que de besoins matériels ce pauvre corps éprouve, que de
fatigues il endure et enfin, que de soins il lui
faut prendre quand il est arrivé à destination !
Dites-moi, quand l'âme céleste voyage sans son
corps a-t-elle besoin de tout cela ?

Vraiment non ! elle s'en va légère comme
l'air.

Je le dis, tout n'est que fatigue dans le songe
joural (2), et le plus grand bonheur nous tuera
parfois.

Je le dis, tout n'est que paisible repos dans le
songe nuital (3), et ces doux songes nous nourrissent toujours.

(1) Le corps.
(2) Le jour.
(3) La nuit.

Le songe de la nuit.

Pour que l'âme céleste et l'âme matérielle aient
tout leur empire, et pour qu'elles soient disposes
et fortes, il faut que l'une ou l'autre soit en repos. Si l'âme céleste s'absorbait trop dans ses
pensées, elle enlèverait la force à l'âme matérielle et pourrait même lui retirer sa lucidité; je
rappelle ici ce que j'ai dit plus haut : si l'âme
céleste pense à trop de choses à la fois, elle
finit par ne plus penser à rien. On comprendra ici l'autorité que prend l'âme sur le corps
quand il sommeille ; que l'on juge d'après cela
l'empire que prend l'âme sur le corps quand il
est mort. L'âme céleste alors se sépare de lui
comme elle le fait pendant qu'il dort, que dis-
je ! erreur de ma part. Le corps étant mort pour
toujours, n'a donc plus d'enchaînement qui le
retienne avec l'âme céleste (1).

Ajoutons encore un mot sur la puissance de
l'âme céleste. Si nous rêvons aux immondices
ou aux parfums, l'âme céleste, a si bien humé
tout, que le corps, quand il s'éveille, est encore

(1) Voir ce que j'ai dit au sujet de l'âme, au livre III,
chapitre III.

chargé de ces odeurs ; mais, à mesure qu'il reprend ses sens, tout disparaît, c'est-à-dire quand l'âme reprend sa place dans son corps. Ne serait-ce point l'âme matérielle qui alors éprouverait, dans son sommeil, ses sensations? non ! c'est l'âme céleste qui agit ; tandis que, lorsque nous sommes éveillés, c'est l'organe olfactif qui reprend ses facultés.

Que les songes soient bons ou mauvais, ils ont une grande influence sur notre être, rapport au courant qui suit partout l'âme céleste, je viens de le dire.

Le songe de la nuit.

Quand un sujet dort paisiblement ou qu'il fait des beaux songes, serait-il le plus féroce de notre globe. Eh bien, son visage annonce la bonté : mais dès qu'il s'agite, sa face change d'aspect, et reprend, à son réveil, son air du songe du jour, c'est-à-dire bienveillant ou repoussant. Dans les vies nuitales, quand elles sont pleines de délices ; le vieillard s'empare de sa jeunesse, le fou retrouve sa raison, le déshérité savoure le bonheur de la vie, le disgracié de la nature possède les belles formes que cette dernière lui de-

vait, le malade jouit de la santé et le crétin recouvre l'intelligence ; on me dira ici, quand le
crétin rit dans son sommeil, son rire est alors
semblable à celui du jour quand il ne dort pas ;
à cela je répondrai, que le cerveau et le corps
des hommes ne peuvent pas plus se changer qu'on
ne peut quelque chose au cerveau et au corps du
fou, lesquels n'éprouvent plus de sensibilité ;
de même qu'on ne sait pas ce qui se passe en
l'âme de l'infirme (l'idiot) quand son corps est
sans vie, car, quoiqu'on dise sur les crétins, ils
ont une âme, et toutes les âmes, dans la vie nuitale sont lucides. Je ne parle point ici du savoir
que l'âme a acquis, j'ai dit plus haut, que le
corps était comme mort quand il dormait pro-
fondément ; or, il n'y a bien que l'âme céleste,
quand elle se sépare de son serviteur : qui
est son corps, qui prend cet empire sur les
sens. Maintenant, homme de la science, cherchez le corporel, puisque j'ai trouvé le spirituel.

Conclusion. — Le réveil, c'est-à-dire la vie
matérielle et terrible, enfin, ce qu'on nomme la
réalité, eh bien ! je l'appelle le rêve ! Puisque
nous menons deux existences aux enfers, pourquoi donc la vie nuitale n'est-elle pas la
vraie ?. . . . .

. . . .

IX

LE RÉVEIL DU CONDAMNÉ

Voici le réveil le plus dramatique : De quelle
épouvante doit être saisi le prisonnier, quand
un matin, le gardien de sa cellule vient le
frapper sur l'épaule, doucement de sa main et
en le réveillant lui apprend sa sentence exces-
sive. A la vue du gardien, le pauvre prisonnier
croit voir un spectre lui reprochant sa victime ;
alors, il comprend, et, sursautant de crainte, il
passe du songe réel et mystérieux, au songe
matériel et faux. Ah ! pourtant ; quel doux rêve
il faisait en ce moment ; homme !... tu es méchant ! Pourquoi ne l'as-tu pas frappé dans son
sommeil ? Pourquoi ne l'as-tu pas laissé pour
toujours dans son beau rêve ? Sa victime et Dieu
lui pardonnaient, et, sans le rappel de son crime
qui a été une terreur plus grande encore que la
mort qui l'attend, il abandonnait les enfers sans
connaître les tortures de son supplice. Il était

heureux, m'entends-tu? et de quel droit as-tu troublé la félicité de cet homme ?

Les dernières nuits du condamné se sont passées calmes et tranquilles tel a été le rêve de ses derniers jours ; car, plus il avançait vers la mort, et moins sa pauvre âme était agitée. Il avait raison de croire en son pardon. Si les hommes le font mourir, le Grand Maître le fera vivre.

Cet homme a bien souffert depuis l'heure de sa réclusion, sans compter son agonie précédente, laquelle lui était plus affreuse que la mort : il n'était plus qu'un homme errant et perdu qui fuyait ses semblables, et qui pourtant, désirait être pris par eux. Le brasier sur lequel il courait était dévorant ! Enfer au milieu des fleurs, tes jardins l'ont trop torturé, et sa première nuit de cellule, lui a semblé le Paradis.

Chaque minute depuis son crime a paru à l'assassin une longue vie. Et quelle vie !... ah!... il a plus souffert que le plus grand martyr dont la conscience est calme, puisqu'il périt pour le Grand Maître qu'il adore ! Mais le criminel repentant, lui ! demande toujours grâce de son crime au Grand Maître.

Ah !... sa conscience l'écrase !... ses jambes fléchissent sous ses pas lourds qui ont peine à le porter, et son visage triste et craintif reste abaissé sur son sein haletant.

Quel est donc le médecin qui pourrait gué-

rir cette conscience-là ? il n'y en a pas, si ce n'est
le Grand Maître ! Néanmoins, le criminel en
question a payé sa dette à la souffrance ; il a payé
sa dette aux remords, il a payé sa dette à la société, et par suite, il va payer sa dette au crime ;
or, en mourant il ne doit plus rien ! Et quand le
bourreau le frappe, Dieu lui pardonne !!!

X

LE SONGE DU JOUR

Le sceptique réfléchira un instant au songe nuital que je viens de démontrer avec toute sa
lumière, ce songe, n'est-il pas plus extraordinaire
que le songe joural : songe qui est funeste et
faux.

Sans prétendre convaincre le sceptique, on a
le droit de lui dire qu'au moment de son trépas
ses pensées changent de tournures vu qu'il ne
montre plus autant de bravade que durant sa
vie ; à cette heure tremblotante, il ne sait plus
même, si c'est le diable ou le bon Dieu qu'il doit
appeler à son secours.

Je le dis, tout homme qui doit bientôt mourir, fût-ce même accidentellement, verra quelques jours avant de périr une régénération s'opérer en lui. L'homme méchant deviendra meilleur, et la foi entrera en l'âme de l'athée.

Le songe du jour.

L'extinction et le reveil.

Après une longue absence, nous demandons à notre retour des nouvelles de nos parents et amis ; on nous répond : Ils sont mort.

O songe exterminateur ! notre front se penche silencieusement sur notre sein ; mais aux éclats de rire bruyants, aux sons des voix enfantines qui viennent frapper nos oreilles, notre front se relève ; sont-ils en fête chez le voisin demandons-nous ? on nous répond : tout ce monde qu'on entend rire et chanter a pris naissance et a grandi en votre absence.

O songe régénérateur ! nous voulons voir tes merveilles à l'instant. Eh quoi ! nous regardons toutes ces merveilles, nous admirons toutes ces merveilles.

Mais... Oh ! surprise plus grande encore ; au lieu d'être surpris nous-mêmes, voilà que, sans

pourtant les avoir jamais vues, nous connaissons toutes ces faces.

O songe renaissant ! dis-nous combien de fois
déjà nous avons vu renaître tes prodiges ?

Le songe du jour.

Que d'épreuves, que de changements s'opèrent
dans la situation des hommes, que de vies se
brisent dès le berceau de l'enfant, que d'existences heureuses l'on voit s'effacer chaque
jour ; alors, quels projets d'avenir pouvons-nous
donc faire ! puisque nous sommes frappés à
l'heure de la réussite dans nos plus chères
espérances. Tout s'écroule ! nous n'avons plus
que les souvenirs et les larmes pour toujours !

Songe affreux d'aujourd'hui ! que nous réser-
ves-tu pour demain ?

O pourquoi nous laisser rêver encore ?

Songe d'hier tu étais notre joie, songe d'aujourd'hui tu causes notre deuil ; ceux qui, hier
encore étaient à nos côtés, pleins de santé, sont
morts aujourd'hui ! O famille ! O amis (1) ! où

---

(1) Quand on a le bonheur de rencontrer un vrai ami,
dans la vallée inconstante qu'on sache au moins le bien
garder

êtes-vous ? Vous reposez au fond du gouffre, le corps entouré du linceuil et pareil au spectre qui sort de sa bière, on croit vous voir partir ailleurs.

Le songe du jour.

Nous voyageons dans la vallée électrisée au-delà des mers, des monts, etc.,

O rêve vaporeux !... nous voilà aujourd'hui ici ; demain, où serons-nous ? Bien loin peut-être ! Et après demain ? ma foi, nous serons peut-être mort !

Enfer ! enfer au milieu des fleurs ! tu fais donc un jouet de tes victimes ? nous rencontrons dans nos voyages des visages que jamais nous ne reverrons, et qui sont tous différents les uns des autres comme expression et pourtant, toutes ces faces qui nous sont amies ou ennemies, sont faites à la même imitation (1).

O rêve inconstant ! il y a une heure, avant d'avoir vu ces figures, nous étions calmes, et sans souci, sans amis ni ennemis ; et maintenant,

___

(1) Voir ce que j'ai dit à ce sujet au livre I, chapitre II, sur les symphathies et les antipathies que nous ressentons à la vue de diverses personnes.

nous avons fait la connaissance d'amis et d'ennemis, et de plus, nous mourons d'amour, songe moqueur... que veux-tu faire de tes esclaves.

O... songe plein d'erreurs ! si par hasard on parle en son chemin à celui là, on lui dira : « Votre visage m'est inconnu, monsieur », on se trompe !... car... les visages... mais on les connaît tous !... et, si on parle à celui-ci, on lui dira : « Je crois monsieur vous connaître depuis longtemps déjà ! » on se trompe de même car, on ne sait pas ce qui se passe en l'âme de celui qu'on croit connaître.

Cependant, aux visages qui nous sont sympathiques nous leur lançons un regard de quasi-amitié, tandis qu'aux visages qui nous sont antipathiques nous leur jetons un regard quasi-dédaigneux et où même, il y a presque de l'ironie.

Ce qu'il y a de plus extraordinaire en ces rapprochements et ces éloignements qu'on a les uns pour les autres, c'est que les enfants ressentent les mêmes impressions que les hommes, ainsi que certains animaux, et, surtout les chiens. Mais, puisque nous sommes tous parents, ne devrions-nous pas chasser loin de nous ces instincts qui nous portent à haïr nos semblables, et marcher plutôt côte à côte en famille, et toujours dans la voie du bien ?

Le songe du jour.

O songe vaniteux ! nous voulûmes faire à nos enfants une situation brillante en les mariant richement, c'est juste ! mais que de mal nous nous donnâmes, au contraire, pour faire notre malheur et le leur, car, après leur union, nous les expatriâmes bien loin de nous. Quelques larmes amères cependant, vinrent au moment de leur départ, arroser nos paupières ; mais à cette pensée que les honneurs attendaient nos enfants au lointain, nous sentîmes une joie inconcevable envahir notre être. O ! que tout cela est donc extraordinaire ! nous sacrifions pour l'or et la gloire, notre bonheur et le leur, car, au moment de nous séparer d'eux, nous leur donnâmes peut-être, en ce baiser des adieux, le dernier baiser ! Ho !... erreurs humaines ! et l'âme céleste ?

Sans nous occuper de ses douleurs... de ses agonies... nous délaissons pour nous attacher à la terre le deuxième monde qui est en nous (1) et qui après la mort de son corps s'envole dans les Planètes Rocheuses.

Pour la terre nous abandonnons notre bien,

(1) L'âme.

notre propriété, enfin nous nous sacrifions ; comment donc expliquer cela ? nous délaissons ce qui ne meurt pas : qui est l'âme céleste, pour ne penser qu'à ce qui meurt : qui est l'âme matérielle.

Néanmoins, cette âme matérielle va bientôt nous quitter aussi pour aller pourrir dans le corps de sa mère, la terre, qui gardera précieusement cette dépouille dans ses flancs.

Tous ces sacrifices et toutes ces larmes sont pour les biens que nous avons acquis aux enfers, et pour narguer les aveugles, que pourtant nous abandonnerons en mourant pour aller dans la terre.

Car je le dis, cette femme (1) a toujours faim d'un des petits qu'elle a nourris et veut conserver vers elle la fortune qu'elle leur a prêtée. Voilà au moins une mère qui ne fait rien pour rien.

Oh ! comédie des erreurs humaines ! avons-nous donc tant besoin de théâtre ? Les scènes de la vie ne sont-elles pas mille fois plus comiques, plus tragiques, plus belles, plus vraies, que le premier spectacle de l'univers.

Et l'âme céleste, elle qui ne meurt pas ! nous devrions l'enrichir et la rendre heureuse ! mais,

(1) La terre.

nous pensons si peu à elle, que même nous lui
retirons la paix et le bonheur qui lui sont dus.

XI

HOMME, CRAINS LE CHATIMENT

Pour l'exemple que je vais démontrer, je suis
obligée de rappeler ici le meurtrier dont j'ai
parlé au livre III, dans le dernier chapitre.
Mais non de l'assassin dont il vient d'être question.

Plaignons l'infortuné dont le bras a été poussé
par Satan, ne croyons pas que c'est lui qui a
frappé, c'est la fatalité ! Mais les remords qui
l'assailliront jusqu'à sa dernière heure, (s'il ne
s'est pas fait justice lui-même) seront son châtiment.

N'aura-t-il pas toute sa vie la vision de son
meurtre qui le plongera le jour dans un abîme
de remords, le persécutera la nuit par des insomnies plus terribles que ses songes.

Les regrets qu'a le meurtrier (1) prouvent bien

(1) Voir ce que j'ai dit plus haut en parlant des songes,
sur les remords de divers assassins.

qu'il est au-dessus de la bête, puisqu'il a le remords de ses fautes, et qu'il est heureux quand il a fait le bien.

Mais si rien ne parlait en lui, signe certain qu'après sa mort ce serait le néant ; que lui importerait alors s'il ne se souvenait pas du passé, d'avoir été un meurtrier, en ce cas, ce serait un animal sans raison, une bête !

Homme, avant de te mettre plus bas que l'animal réfléchis ici longuement, tu ne fouleras plus à tes pieds toi-même et tes pensées, ton bon sens et ton savoir ; tu ne repousseras plus l'amour que tu as pour tes aïeux, pour ta postérité éteinte et pour ta postérité vivante. Relève-toi donc une fois tout de bon, tu te connaîtras alors ; observe-toi, contemple toi, et tu te trouveras le plus grand de la terre. Demande à la bête si elle a des remords, et si elle pleure ses meurtres ainsi que tu le fais toi... l'homme repentant. La bête n'a point souci du lendemain, de l'avenir, de sa progéniture, et s'occupe peu de ce qu'on fera de sa dépouille après sa mort.

Il n'y a donc bien que l'homme, depuis le plus grand, jusqu'au sauvage ignorant qui respecte les choses sacrées, qui aime sa postérité, qui se souvient le passé, qui espère en une autre vie et qui, enfin, garde la foi de ses pères.

Confrontons l'assassin devant sa victime, on

EULALIE-HORTENSE JOUSSELIN

verra alors ses muscles se contracter ; tandis que
la bête se ruera encore sur sa victime ! Qu'on
mette un homme après la bataille au milieu du
tableau sanglant. O ! décrire les sensations qu'il
ressentira en voyant tant de sang de répandu
serait chose impossible ! Mais, que toutes les
bêtes de la création soient mortes à ses pieds,
même celles qu'il a caressés et élevés, il les re-
gardera attendri, c'est vrai ; mais il n'aura point
l'appréhension qu'il a pour les humains, et l'extermination de toutes ces bêtes, ne le fera point
rêver un instant à l'Outre-terre ; tranquillement
alors, auprès de ces cadavres, il fermera ses paupières ; telle serait encore ici la bête, elle resterait bien insensible au milieu de ce désastre, et
dormirait sans s'émouvoir, auprès de ses pareils
qui sont morts !

La bête n'a pas le don de la mémoire, on le
croit du moins, a-t-elle des regrets et des remords ; se rend-elle compte du bien et du mal ?

Et quel génie trouve-t-on chez la bête ? Son
instinct la distingue de l'homme, mais elle ne
pourra rien faire au-delà.

Quand elle cotoye sa progéniture, dont elle
est depuis quelque temps éloignée, fière et dé-
daigneuse, elle passera auprès d'elle et ne la
reconnaîtra pas, (j'ai remarqué que les animaux
n'ont pas l'habitude de regarder derrière eux
ainsi que le fait l'homme). Pourtant, la bête re-

connaît toujours son maître ; mais, quand elle est
séparée de sa famille, elle n'a plus rien pour elle.
La bête n'a pas besoin pour dédaigner sa famille
d'être séparée d'elle, elle délaisse les siens quand
ils n'ont plus besoin de ses soins, voilà le mystère ; serait-ce chez la bête fierté ou indifférence ?
Ayant de la reconnaissance et de la rancune, que
faut-il conclure de cet exemple ? Eh bien ! que
contrairement à ee qu'on dit d'elle, la bête a de
la mémoire, de la gratitude et de la haine, car
elle se souvient du passé, et se venge tragique-
ment du mal qu'on lui fait (1).

Conclusion. — Nous ne ressentons point pour
les petits enfants, quand ils sont morts, l'appréhension que nous avons pour les hommes (2).
Serait-ce parce que jamais ils n'eurent une mauvaise pensée et qu'ils ne firent point de mal à
personne et, leur en eut-on fait, ils n'emportèrent
point de haine à l'Outre-terre, car ils n'eurent
pour leurs bourreaux, que de l'effroi. Pauvres
petits ! . . . .
. . . .

(1) Voir ce que j'ai dit à ce sujet, au livre III, sur
l'homme et la bête.

(2) Voir ce que j'ai dit en parlant de la mort de l'enfant
au livre III.

XII

LES DOCTRINES

Le sauvage n'a appris aucune science et n'a reçu aucune civilisation. Il est en cela semblable à la bête. Mais, son instinct lui dit qu'il ne se gouverne pas seul, et strictement, et religieusement pratique la foi de ses pères et leurs croyances ; ii massacrerait tout pour sauver son âme et pour défendre le culte de sa religion qui lui est plus chère que sa vie ; aussi, il a du respect pour les siens qui ne sont plus et garde une vénération sacrée pour leurs dernières volontés.

L'homme inculte ne se détourne pas de la voie du bonheur et de l'espérance, car il sait qu'après lui, tout n'est pas consommé ; il sait qu'il y a un inconnu à adorer.

Il ne s'explique pas de la même manière que nous, c'est vrai ; mais sa croyance est la même et sa foi est inébranlable ; j'ajoute que, cette adoration de l'inconnu est innée chez l'homme. Tous les hommes ont la même religion et quoi que disent les fanatiques, tous les hommes ont une âme à sauver, et beaucoup de gens ont une religion naturelle.

Les fanatiques seraient-ils nés dans une autre religion que la leur ? ils annonceraient encore qu'eux seuls seront sauvés des flammes des enfers. Il y a pourtant des gens comme cela ; il faudrait être à leur instar pour être bien ; mais, en ce cas, aucune idée ne se développerait, et les choses nouvelles seraient tuées par un principe despotique qui mènerait la société à sa ruine. Que deviendraient alors les hommes et les destins ?

Vous, honnêtes gens, qui avez une bonne religion, et dont la vie se passa à ne faire que des bienfaits. Pour plaire aux fanatiques, quoi qu'eux-mêmes écoulèrent peut-être une existence inutile aux enfers. Mais n'importe, vous devez descendre aux autres enfers ? Erreur ! vous n'irez pas plus bas qu'à notre enfer, puisqu'il n'y a que lui !

Je n'ai pas besoin de citer une par une toutes les croyances des peuples incultes et leurs sacrifices humains, attendu que cela me ferait écrire trop de chapitres.

Le zèle opiniâtre des incivilisés a rendu ceux-ci anthropophages, et a fait offrir à ceux-là des immolations humaines et autres à leur Dieu. Ailleurs, on les voit porter des vivres aux morts pour qu'à l'Outre-terre, ils n'aient besoin de rien. Se prosterneraient-ils devant une vieille

marmite, qu'importe ; ils adorent quand même
quelque chose, et rien n'est plus tenace en leurs
croyances que tous ces peuples.

Et, qu'avons-nous à dire ? ne fûmes-nous pas
de même sous les druides ? Toutes ces tueries
d'autrefois le prouvent bien. Le nombre des
religions est incalculable. Sondons les cons-
ciences : si nous y arrivons, nous ne trouverons
pas deux croyances identiques ; pourtant, ces
croyances ne font qu'une seule foi plus ou moins
solide, c'est vrai, c'est-à-dire, pour l'adoration
d'un Dieu.

Toutes les religions sont bonnes quand elles
commandent de faire le bien.

Nous adorons l'inconnu, ce qu'en somme nous
ne connaissons pas ne l'ayant jamais vu.

Mais, sans nous en douter, nous vénérons tous
le même Dieu. L'immensité, c'est le Père créateur et le Père exterminateur à la fois, lequel
vit avec nous ; aimons ce Grand Maître, nous
devons le respecter et nous incliner devant ses
volontés. Au Grand Maître, nous devons notre
adoration ; à nos pères, nos vénérations ; à notre
femme, notre amour ; à nos enfants, notre dévouement.

Quel est donc celui qui se permettrait de dire :
Il n'y a que les fidèles qui ont ma foi qui seront
sauvés. Tous les arbres se ressemblent-ils, tous
les fruits ont-ils la même saveur et la même

couleur ? Cependant, pas un fruit jusqu'à cette heure n'a été mis au rebut, et l'on jetterait les fidèles au rebut.

Même les Athées adorent le Dieu, de tous, puisqu'ils répètent cent fois dans un jour, comme l'enfant qui appelle sa mère, quand il souffre, ce mot : mon Dieu ! qui est au reste, le mot quotidien de l'humanité, de plus, dans leurs implorations, ils lèvent toujours leurs regards vers la voûte céleste qui est appelée : mystère inexplicable non !... l'inconnu n'est point un mystère inexplicable, mon tableau le fera savoir. Je vais maintenant dire un mot sur les erreurs de diverses doctrines.

Les doctrines.

Qui donc a dit : quand l'homme revient sur la terre, il reparait sous la forme de la femme ; qui donc l'a pris pour un niais ? par exemple !... jamais l'homme ne ferait cela, lui... jeter son pouvoir seigneurial ; allons donc !... il n'est pas si simple, il aime mieux garder ses droits de Maître et il a raison !... quel est donc le seigneur qui abandonnerait volontairement ses droits ? mais il n'en est pas ainsi qu'on le dit, l'homme reste toujours l'homme, la femme reste toujours la femme. Souvenons-nous des explications que j'ai faites plus haut sur les naissances et sur l'avance en chemin ; s'il en était ainsi que d'aucuns le prétendent, certes, ce ne serait plus l'avance en chemin, car, au lieu d'avancer, on culbuterait en arrière.

L'homme alors serait moindre que la chenille qui, dit-on, change quatre fois de peau avant de se transformer soit en papillonide, soit en pièrides, etc. Ces insectes, qui, avant leur métamorphose rampaient sur la terre, volent maintenant dans l'espace ; voilà au moins des êtres qui ne descendent pas ; et l'homme irait en reculant ? jamais ! Il n'y a que les mollusques et autres familles de ce genre, lesquels sont sans forces et sans âme parce qu'ils ne sont point construits d'os, qui se transforment ici-bas, comme le fait la nature, vu que la terre est leur seule demeure. Telle est la métempsycose.

Les doctrines

Qui peut donc nous empêcher, nous, de revenir sur la terre, sous l'enveloppe, que nous voulons, soit végétale ou animale, disent les fidèles de la métempsycose ; vraiment ! pauvres petits ! Voyez donc comme vous vous égarez !

Quand vous êtes devant le Grand Maître pour

défendre vos intérêts, et qu'il vous présente votre feuillet sentencier (1) à signer, vous vous débattez alors comme le réprouvé qui veut avoir sa grâce et, pour que le Grand Maître vous rehausse encore plus, on voit votre crâne s'abaisser et s'humilier devant lui; je veux dire que, vous voulez être plus grand dans la vie que vous devez recommencer sur le globe du châtiment, que jamais vous le fûtes dans l'existence écoulée. Eh quoi! ne sont-ce pas vos confrères qui sont l'ornement de la nature et de la culture, qui nous alimentent et nous revêtent? ne sont-ce pas eux qui nous abritent des intempéries de leur vert feuillage?

Voilà ma foi, des gens qui sont bien utiles après leur mort. Il n'est plus surprenant du tout que le paysage soit si beau et que la récolte soit si bonne.

Conclusion. — Ce n'est pas parce que mon tableau apporte la vérité à autrui que, d'une autre part, il veut critiquer ses croyances, il respecte, au contraire, la foi de chacun, et puis, si tous les hommes avaient une croyance droite, notre globe ne s'appellerait pas l'enfer au milieu des fleurs, mais bien le paradis terrestre. . . . .

(1) Le feuillet du destin.

XIII

HOMME NE DIS PAS QUE TU MEURS

Les âmes et les religions se confondent, car
elles sortent du même endroit : la conscience, et,
si toutes les âmes ont le même âge, les religions
sont toutes les mêmes : pour l'adoration. . .

. . . .

Il n'y a point de différence d'âge entre le vieillard et l'adolescent puisque la mort frappe à
tous les âges. . . . .

. . . .

Le corps seulement compte ses ans, mais pas
l'âme céleste.

Or, l'âme céleste ne peut ni vieillir ni mourir,
en ce cas, elle est toujours jeune et belle et les
hommes ont tous le même âge.

Entendons une preuve de cette vérité. Les événements mémorables de notre vie qui ont vingt
ans et plus, nous semblent si près de nous que
nous croyons qu'ils ont eu lieu hier, chose plus
étrange, les souvenirs les plus reculés de l'existence nous paraissent les plus rapprochés d'aujourd'hui. La vie la plus longue doit faire l'effet

EULALIE-HORTENSE JOUSSELIN

à son maître d'une retraite fugitive ; car, plus on vieillit, plus elle semble éphémère.

Je le dis encore, l'âme céleste est toujours jeune et belle, elle a même des élans impétueux, et, si ce n'était la masse du corps qui la tient rivée au sol, elle franchirait d'un trait, la voûte azurée.

Preuve — quand nous pensons à ceux qui nous sont chers, aux endroits que nous aimons, ne nous semble-t-il pas tout à coup que nous allons nous envoler vers eux, mais malgré notre volonté à vouloir franchir l'espace, le corps ne prendra point son vol. Mais l'âme céleste bondit alors dans toutes les régions, et les yeux perçants des ailes mystérieuses voient l'univers.

Les oiseaux de l'air qui sont si fragiles ne sont-ils pas, sans contredit, plus heureux que l'homme? aussi, quand ce dernier les voit planer dans le vide, il les regarde d'un œil quasi-jaloux de leur bonheur ; car, malgré sa puissance, il ne pourrait lui, en faire autant que ces chétives volatiles.

XIV

ILS RÊVENT A LEURS CONQUÊTES

Le vieux sold_t et le vieux marin ont besoin de se recueillir pour se souvenir de leur passé. Le premier a combattu, en ce temps là, les hommes _qui étaient avides de sang. Le deuxième a combattu les océans qui ne demandent que des victimes.

Quand ces deux hommes rêvent à leur passé qui fut grand et terrible! à leurs conquêtes, que de ravages alors s'opèrent en leur âme céleste, car à présent que la fange (1) a perdu ses forces, l'âme céleste a pris sur elle une grande puissance. Enfin, elle est maintenant presque maîtresse sur l'âme matérielle ; que d'élans impétueux se font ressentir en l'être de ces hommes dont je parle, que de pensées mystérieuses les reportent sur le champ des drames et des lauriers d'autrefois.

Mais, malgré les impétuosités de leur âme céleste, leur âme matérielle ne pourrait plus com-

(1) Le corps.

mander la bataille, étant donné que leur corps
et leur cerveau sont trop vieux ; pour être le vainqueur corps contre corps sur le champ de bataille, il faut que le corps et le cerveau soient
jeunes et surtout, il ne faut pas qu'ils soient fatigués.

Je le dis, quand l'homme est sur le champ exterminateur, son âme matérielle ne voit pas les
malheurs qu'elle sème sur sa route.

Je le dis, ce n'est plus le sage qui agit, c'est
le fou, c'est le tigre sanguinaire.

Je le dis, ce n'est plus un homme qui frappe
et se rue sur ses semblables, c'est la fange (1) !
mais non pas la pensée, car la pensée étant plus
sage que le cerveau, ne demande pas de répandre
le sang.

Pour donner ici un exemple sur la pensée et
sur le cerveau, prenons un libertin. Ce libertin
est maintenant étendu inerte sur sa couche, on
le dirait plongé dans un abîme de douleurs muet-
tes. Pourtant, jadis, il aurait entraîné dans son
cercle tous les libertins de la vallée folle ; mais
aujourd'hui, vieux corps perclus au cerveau
presque éteint, il n'a plus que la pensée pour se
souvenir. Eh bien ! à cette heure du repentir, il
donnera à ceux qui entourent de soins sa vieil-

(1) Le corps.

lesse, des conseils plus sages que ne pourraient le faire ceux qui ne connurent pas les plaisirs éhontés, car cet homme connaît mieux que tout autre les dangers de la terre ! Le vieux perclus en question comprend que le cerveau : c'est la fougue ; la pensée : c'est la réflexion ou pour mieux dire, le cerveau : c'est la matière (1) ; la pensée : c'est le mystère ; il comprend aussi que le cerveau se fatigue, mais que la pensée est toujours saine. Le vieux perclus se rappelle encore qu'en ces temps-là, lorsque venant de faire un grand coup de sa tête, et dès que la pensée reprenait le dessus, il regrettait alors son coup de folie au point de se maudire.

Au reste, la grande douleur rend l'homme fut-il le plus emporté de la terre, tout à fait calme, parce que, en ces moments d'angoisse, c'est plutôt l'âme que le corps qui est malade.

Si on repose un instant son corps et son cerveau épuisés, la pensée, contrairement, sans qu'elle ait besoin de se reposer parlera toujours ! je le répète encore, c'est parce que nous avons deux âmes vraies qui sont : l'âme matérielle et l'âme céleste ; le cerveau et les yeux ne devraient faire qu'un, pourtant, ils sont deux (2) l'un, le pre-

(1) Le corps.

(2) Voir l'explication que j'ai faite à ce sujet au livre IV, chapitre I.

mier : c'est la fougue ; les autres sont satan. La
pensée et l'âme céleste ne devraient faire qu'une,
pourtant, elles sont deux : l'une, la première, est
l'être inconnu qui nous tient rêveurs pendant
des heures ; l'autre sont les ailes mystérieuses
(l'âme) aux yeux perçants qui se transportent où
elles veulent sans se jamais lasser ; or, il n'y a
donc que le cerveau et le corps qui ont besoin
de se reposer.

Tout ce que j'explique est bien compris : au
fur et à mesure que le corps et le cerveau se fatiguent et tombent, la pensée, contrairement est
toujours plus forte, plus agitée et plus grande ;
mais les pensées élevées sont comme Dieu, elles
n'ont point de lèvres pour parler. Dieu est partout ! et on n'entend pas sa voix, et on ne le
voit point.

Cerveaux, épuisez-vous ! pour rendre plus riche encore, votre maîtresse, qui est l'âme céleste, car ce sont vous, cerveaux étourdis, avec Satan les yeux, et les langues empoisonnées, qui
font le malheur de tous, puisque la pensée est
bonne.

L'homme de mal reviendrait au bien s'il enten-
dait la volonté de sa pensée, qui est la voix du
bien qui parle en lui, mais il n'écoute que la volonté de son cerveau, qui est la voix du mal, et dédaigne d'approfondir la grandeur et la bonté de
son âme, parce qu'elle est trop loin de son corps.

J'ai dit : le cerveau ainsi que satan nos yeux
sont plus près de nous que la pensée, aussi,
nous sommes comme le fou, nous ne prenons pas le temps de consulter la réflexion et,
nous enfilons le chemin le plus court que fuit
l'écolier. Si nous suivions les impulsions de
l'âme sans répondre à ce que nous dicte le cerveau, nous serions bons, ou du. moins, nous serions meilleurs. Le premier élan de diverses personnes, en bien des cas, est méchant, parce que
le cerveau qui n'est que matière est porté au mal
et qu'il a plus d'empire sur eux que la pensée ;
voilà pourquoi il y a des gens méchants et fous
du plaisir ; mais, le contraire s'effectuera sur ceux
dont l'âme est plus forte que le cerveau, c'est-à-
dire que leur premier élan est plutôt bon : voilà
aussi pourquoi il y a des hommes justes et sages.
Nous sommes si étourdis, que même, nous repoussons la voix du bien qui est en nous. Cette
voix, nous voudrions l'écraser comme une vipère !
Mais, ne pouvant le faire, nous la repoussons
froidement : « va t'en vieille, finissons-nous par
lui crier ; tu ne sais plus ce que tu dis » . . .
. . , ...

Si le corps et le cerveau quand ils vieillissent,
avaient autant de puissance que la pensée,
l'homme, alors serait presqu'un Dieu, car il
créerait des merveilles. Mais hélas! quand la

pensée a tout son empire, et que les passions ne viennent plus la troubler, le cerveau est le plus souvent vieux et affaibli. Or, dans le songe du jour, ne pouvant alors rien faire sans l'aide du cerveau, la pensée doit donc ne pas s'arrêter sur ces choses surprenantes, qui la hante, et qui étonneraient l'univers si elles étaient exécutées. Cela prouve bien que l'homme ne peut pas être parfait ici-bas.

Cependant, au fur et à mesure que le corps se ruine et que, progressivement, il devient plus petit, l'âme céleste s'élève et s'enrichit d'expériences et de vérités.

Quand le corps assouvit ses passions que j'appelle les vices ; croyez-vous que l'âme céleste peut s'enrichir en même temps que son serviteur, qui est son corps ? vraiment non ! ici, le serviteur marche avant le maître, et puis, on ne peut pas tout faire à la fois ; aussi, le temps que le cerveau fait ses folies, l'âme céleste se perd, pourtant, elle pleure souvent sur ses erreurs, et veut les chasser loin d'elle. Prenons pour ce deuxième exemple, le jeune homme qui se repend de ses fautes.

Dans ses moments de regrets, où la sincérité est le siège de ses idées, ses yeux s'égarent, et un rictus amer vient crisper ses lèvres fanées, on le voit se courber en deux, il prend sa tête dans ses mains, et, en maudissant son destin, il

maudit les hommes et l'enfer, il souffre, et ne
peut verser un pleur et, suffoqué par la douleur,
il veut revenir à de bons sentiments, alors, il se
redresse d'un bond, et fait le serment d'ivrogne :
« Je n'irai plus jure-t-il ! vers ceux qui me perdent !... La nuit, surtout, dans ses songes, que
de regrets et de remords viennent l'assiéger,
hélas ! tant de souffrances ne peuvent-elles pas
racheter tant d'égarements ? mais, est-ce le feuillet écrit ? lorsque l'homme est livré au liberti-
tinage, le plus souvent, il s'arrête, quand son
corps est épuisé.

Or, il est évident, que, plus le libertinage perd
les forces du corps, plus l'âme céleste s'accroît.
Pendant la décadence de l'âme matérielle, il
s'opère en l'âme céleste une transformation lente
qui réagit secrètement et progressivement sur
les hommes et les changent en bien ; voilà pourquoi les libertins qui pleurent leur passé déré-
glé, ainsi que les criminels repentants, s'éteignent dans les regrets et la vertu.

EULALIE-HORTENSE JOUSSELIN

Tous droits réservés

LIVRE CINQUIÈME

OUTRE-TERRE

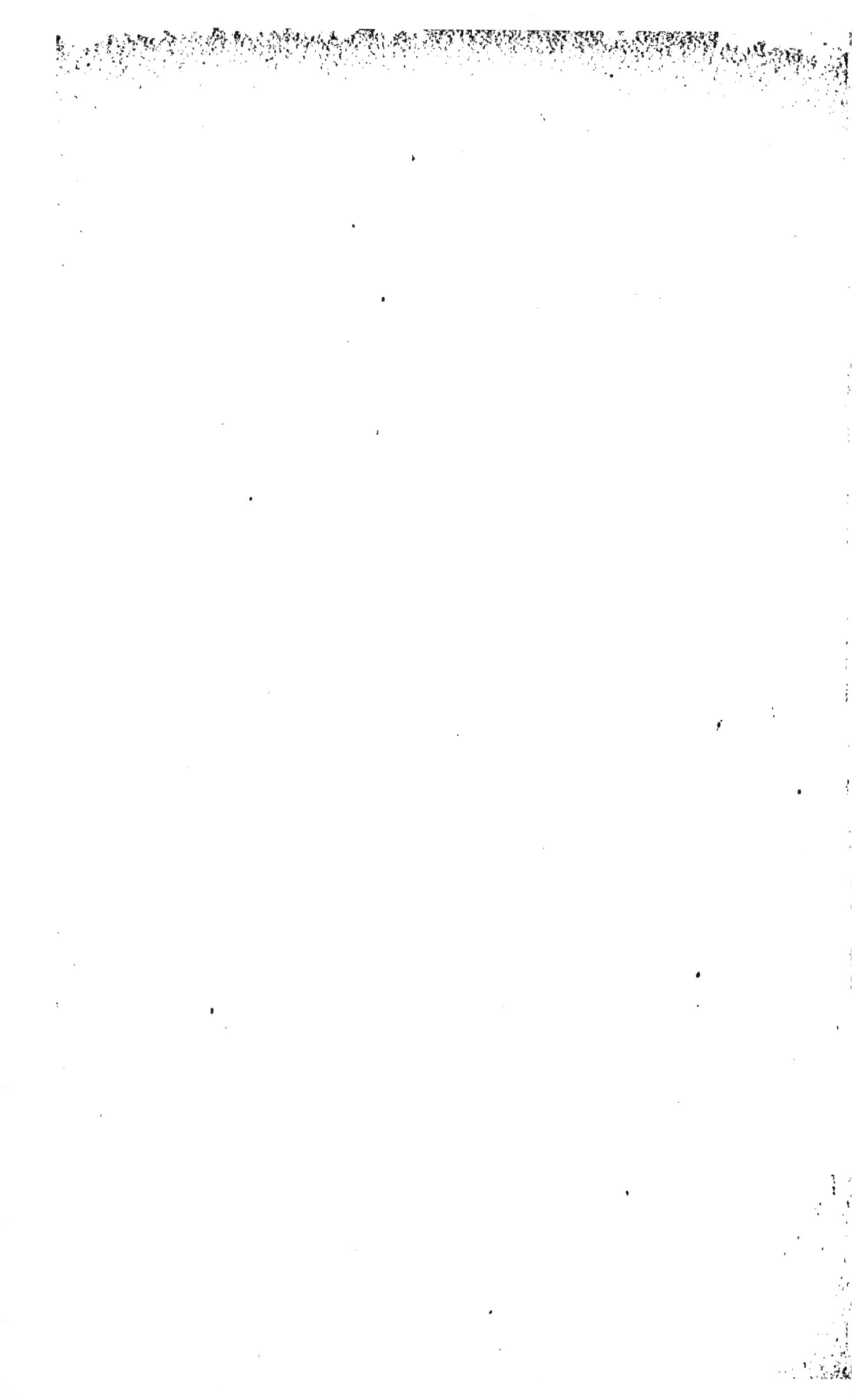

LIVRE CINQUIÈME

OUTRE-TERRE

On blâme toujours ce qu'on ne serait pas capable de faire soi-même. . . . .
. . . .
Les grandes âmes ne commettent point de bassesses. . . . .
. . . .
L'homme qui n'a que de l'esprit s'égare souvent dans ses dires et dans ses actes. L'homme intelligent et qui a du bon sens a un jugement droit et généreux.

I

FEMME, CET ANGE TE SERA RAVI DEMAIN

Quand la mort passe dans une maison et qu'elle frappe des sujets jeunes, elle fauche d'abord le plus intelligent et, ainsi de suite, jus-

qu'à la fin de sa moisson ; l'impitoyable faulx a
le droit de choisir ses victimes. O... inconnu !...
te faut-il aussi vite que tu les y as mis, les anges qui sont sur la terre. Ces anges avaient des
perfections célestes ; mais ils sont sans renom,
parce que tu les emportas trop jeunes ! Dis-moi
pourquoi tu égaras sur le globe des souvenirs,
des êtres beaux et nobles d'âme ! Dis-moi pourquoi il te faut l'œuvre de la femme ? en l'enfant qui a été confié à ses soins et dont elle a
répondu de la vie ? Cette œuvre qu'on lui ravit,
sans même le lui demander ne lui appartient
pas, elle est au Grand Maître ; et ce Père Exterminateur qui lui arrache sa chair et son sang
ne craint pas la justice des hommes. Et toi,
femme, quand tu te plonges dans de douces
pensées qui ne sont qu'à l'avenir de ton petit,
l'espoir alors te rendant folle d'espérance, tu lui
cries : « ô ! mon enfant !... grandis plus vite !...
mon chérubin !... grandis... grandis... pour que
je te voie !... Non !... je m'arrête !... ô !... je
n'ose achever ma pensée !... ô ! tu as raison,
femme !

, Tais-toi ! n'achève point ta pensée, car, en
ces moments qui te semblent interminables par
l'envie que tu as de voir en ton enfant un homme ;
tu ne sais pas le bonheur que tu possèdes. Il
est trop grand, m'entends-tu ? Voilà pourquoi
tu ne le comprends pas, et pourtant, à cette heure

entraînante par l'espoir. nul n'est plus grand,
nul n'est au-dessus de toi.

Tu es sublimé, adorable, dans ton bonheur
maternel. O femme!... ne chasse pas ce bonheur, tu serais folle si tu faisais cela ; et pour
qu'il ne te soit pas ravi, cache-le, comme se cache la perle fine dans sa coquille, quand elle est
au fond des mers; autrement, tu perdrais tout !...
et bientôt, tu n'aurais que les souvenirs. Ah !...
c'est alors que ton bonheur te semblerait court...
comme un rêve.

Ton enfant rit au son de tes douces paroles que
je répète : « Grandis plus vite, ô... mon enfant !... » et, sans en comprendre l'accent te demande un baiser et, ce baiser, tu le pose avec
passion sur ses joues vermeilles qui ne connaissent pas encore les baisers impurs. Là dessus, te
voilà fière comme une Judith, et ton cœur se
gonfle, et de force et d'orgueil : Insensée !...
pourquoi lui tiens-tu ce langage, au lieu de lui
dire : « ô... mon enfant !... reste toujours petit !... » Chaque jour qui s'écoule, chaque heure
qui voit grandir ton enfant, chaque baiser que
tu lui donnes, voudrais-tu alors que ces jours,
voudrais-tu alors que ces heures, voudrais-tu
enfin, que tes baisers le transforment en homme,
sur le champ. Il te semble qu'après cela, tu
seras plus grande encore !

Insensée ! tu serais petite, au contraire.

Femme, tu ne comprends donc pas qu'en cherchant ton malheur, tu cherches aussi celui de ton petit qui, dans son ignorance est heureux, puisqu'il ne connaît pas les dangers de la vie, la jalousie des hommes ni la brutalité du destin. Femme, quand ton enfant sera grand, sais-tu s'il sera à toi ? Et tu veux le livrer à la bataille quotidienne ! bataille plus terrible, que si toutes les puissances s'étaient réunies pour s'égorger entre elles ! malheureuse, tu veux perdre son bonheur ! as-tu ce droit là ? Femme, n'es-tu pas toute puissante sur la terre ? alors... arrête sur le champ la roue des larmes, elle fait avancer trop vite ton enfant dans la plaine du carnage humain et du châtiment perpétuel !

Femme, fais en sorte que ton fils marche sans qu'il grandisse comme les hommes, sans qu'il connaisse la vie terrible, sans qu'il tombe un pleur de ses paupières, sans qu'il connaisse l'amour, sans que son front se ride, sans que ses cheveux blanchissent, sans que son corps se ruine.

Femme, si tu ne peux pas faire cela pour sauver ton enfant du malheur, tu n'es rien ici-bas !

II

ILS COURENT SUR LA TOMBE

La tàche que le destin t'incombe femme, est
terrible !... Le·Grand Maître t'a jetée sur le
globe mortel, pour peupler les Planètes, et si ta
postérité est belle il te l'enlève de suite pour
t'éprouver ! Tu as eu tant de mal pour faire
un homme de ton fils, tu as veillé avec sollici-
tude auprès de son berceau, tu as gardé tendrement et jalousement ce trésor en qui tu mettais
toutes tes espérances. O... jalousie bien légitime !... et le Père exterminateur a disposé de
ton enfant qui pourtant ne devait pas mourir
avant toi ! Aussi, tu ne songes qu'à mourir !
vivre, c'est trop ! .

Tu rappelles toujours les qualités de celui qui
n'est plus, car le propre des grandes douleurs
est de s'aviver par de terribles redites a écrit un
auteur. Te souviens-tu de ces temps heureux
d'autrefois, alors, que tu nourrissais ton enfant
de ton lait ; et toi, tendre père, quand tu donnais
à ton enfant un baiser sur ses joues roses, auriez·
vous cru alors, qu'en souvenir de l'enfant aimé !
votre crâne un jour serait couvert du crêpe qui

14.

évoque les morts, et qu'en mémoire de ton enfant, ô femme... la robe que tu portes pieuse-
ment et rigoureusement, serait couverte aussi,
de ce tissu qui rappelle la mort !... Tandis qu'on
ne doit porter le deuil que de ses aînés. Mœurs
atroces ! Est-ce pour tournoyer la lame plus for-
tement encore dans la plaie, qu'il faut affubler
son corps de cette sinistre défroque, on est assez
malheureux quand on perd son enfant, sans qu'on
soit de plus, condamné à un tel supplice.

Abolissons cette mode lugubre, elle ravive
trop la plaie des douleurs que nul ne doit voir.

Je le dis, une mère, un père ne doivent point
porter le deuil de leur enfant.

La femme qui est mère ne doit se vêtir que de
noir, c'est la couleur qui lui sied le mieux, c'est
la toilette qui, dans sa dignité de mère la laisse
imposante et respectable à la fois ; mais ne
confondons pas cela avec ce crêpe, cette étoffe sé-
pulcrale, qui a été inventée pour repoignarder
encore ! Vous tous, pauvres parents qui pleurez
vos enfants, et vous, tendres époux qui pleurez
vos femmes, qui pleurez vos maris.

O... ne pleurez plus !

Le mort vous appelle, et vous voulez calmer
sa douleur, car vous présumez avoir entendu ces
mots :

« Viens me voir ! » alors, on vous voit éperdus,

EULALIF-HORTENSE JOUSSELIN

le corps incliné, la tête abaissée pour courir sur la tombe de celui que vous aimez.

Cette pensée ne s'éloigne pas de vous, et les années sont impuissantes pour calmer vos douleurs.

Dans le cimetière, on les voit à genoux aux pieds de la tombe où reposent ceux qu'ils pleurent ; ils sont là.... sans pensée pour la terre, et en parlant avec le mort, ils lui disent : « N'était-ce pas à moi de mourir avant toi ? » Et entre leurs sanglots étouffés, ils disent au Grand Maître « aie pitié, fais-moi mourir aussi » ! Et puis, alors... se relevant avec peine, ils s'acheminent la tête basse, vers le chemin qui conduit à leur gîte... des larmes !...

La demeure abandonnée.

Il apparait, sur le seuil d'une porte, un homme qui pleure. Il va délaisser la demeure qui l'a vu rêver au bonheur, aux espérances qu'il attendait.

Ce gîte a vu naître et grandir, puis il a vu mourir ceux qu'il aimait.

Cette demeure qui autrefois lui fut chère, il l'a fui à cette heure éperdu de douleurs ; mais, tout à coup, il s'arrête, et l'on voit passer sur son visage assombri ce sourire résigné du revoir.... que l'on porte alors aux morts... Puis il court

presque heureux vers l'habitation muette d'où on
ne sort plus quand on y est entré, et il se dit : ils
sont là !... et il pose sur la tombe de ceux qu'il
aime le bouquet habituel et il se dit encore : ils
souffrent moins O... comme il se trompe! l'habitation morte ne veut pas d'autres souvenirs que
le lierre qu'elle aime !...

Conclusion. — Affligez ; répondez-moi, vous
qui allez au cimetière, qu'allez-vous y faire, et à
qui rendez vous visite ? aux vers, aux ossements,
aux cendres enfin ; mais les âmes des corps ne
sont point dans la terre. Elles sont au logis et
partout, sauf au fond du cercueil. Le temps
que vous pleurez, que vous parlez au corps, et
que votre tête est penchée sur sa tombe, l'âme
voltige peut-être autour de sa sépulture, car elle
vous suit partout, car elle veut que vous ne l'oubliez pas ! Quand elle était dans son corps, vous
n'avez vu que ce dernier, et ne connaissiez que
lui, voilà pourquoi vous n'avez jamais pensé,
à rendre une fois visite à l'âme qui était dans
cette enveloppe, qui toujours, préoccupe votre
esprit.

Vous avez raison de respecter les restes de
ceux que vous avez aimés et admirés ; et ils vous
remercient !... mais — pensez aussi à leur âme.

. . . .

III

PLATON, TU AVAIS RAISON

Femme tu souffres toujours sans te plaindre.

Tu donnes le bonheur à l'homme, et l'homme te laisse la douleur, serais-tu maudite ? Non ! tu n'es pas maudite ! car après tes peines sur le globe des souffrances, le bonheur t'attend dans les Planètes Rocheuses. Femme, ne pleure plus ton enfant qui est mort et entends pourquoi :

L'homme est le privilégié, à l'Outre-terre comme aux enfers, c'est l'égoïste, le maître et le conquérant.

Je le dis, à l'homme, il faut la vierge, toujours la vierge, car elle est pure ; voilà pourquoi j'ai plusieurs fois dit dans mes révélations (1): Heureux ceux qui abandonnent la terre avant d'avoir perdu leurs illusions, car l'homme qui s'est rassasié de la vie terrestre, quand il est dans les Planètes Rocheuses, laisse sa compagne dans les mains de son fils pour s'enivrer des joies célestes, auprès de ses pères, mais ses joies sont sans amour !

(1) Mes Planètes Rocheuses.

Heureux le couple chaste et pur qui meurt avant de tomber, alors !... à lui le bonheur immuable.

Car je le dis, quand la femme n'est plus vierge elle n'est plus qu'un pauvre être souillé, à qui il faudrait pour le relever une postérité.

Fille ou femme, je veux dire mariée ou non, qu'importe ! l'esclave n'a plus qu'à courber la tête, et le vainqueur lui-même a beau être heureux, il rougit presque de confusion d'avoir souillé la vierge, non pas devant les hommes, puisqu'ils en ont fait autant que lui, mais, sans s'en douter, il rougit devant le Grand Maître !

O Platon !... tu avais raison !... les plaisirs du globe volage n'étant pas éternels, l'esprit est au-dessus de la matière. Platon ! il est beau de mourir sans avoir failli à ta saine doctrine, car ceux qui ont des amours purs aux enfers, ravivent dans les Planètes Rocheuses la tendresse et l'amour.

Si l'époux qui est dans le Paradis Rocheux savourait ses délices au point d'oublier son épouse, l'enfant qui fut choisi ici-bas par le Père Exterminateur n'oublierait pas sa mère.

Et pourquoi le Grand Maître s'il n'avait pas ses desseins prendrait-il de préférence, pour embellir les Planètes Rocheuses ces jeunes gens dont j'ai déjà parlé, qui sont presque parfaits.

Par suite, ne sont-ce point les sujets qui ont le plus souffert qui voient mourir leurs enfants avant eux ? qui dit que ceux que les affligés pleurent n'ont pas pris l'avance pour leur préparer la place qui leur est due à l'Outre-terre. L'enfant qui n'a vécu qu'un matin, n'a aimé que sa mère, et en mourant, sa dernière pensée, et son suprême adieu, sont pour la femme qui le berça sur son sein ; aussi, cet enfant est à elle, tandis que ceux qui s'unissent a une épouse aimée n'appartiennent plus à leurs parents. Souvenons-nous que, nous avons tous fait comme nos enfants.

L'inconnu a ses desseins qui se réaliseront. Berçons-nous d'espérances : nos enfants nous attendent là-bas·

Pensons à Marie la Sainte, elle a vu crucifier son cher fils entre deux scélérats, puis, nous souffrirons moins. Et vous, pauvres mères, vous vous purifiez avec vos larmes ! Alors, vous n'avez plus à craindre les colères de la voûte céleste.

Car je le dis, les larmes que votre séparation d'avec votre enfant, fit couler de vos yeux rachètent votre faute, car il faut être pur pour habiter les Planètes Rocheuses. Voilà pourquoi votre enfant vous attend en ces lieux, où il vous fera reine avec les reines, près des vierges et des anges ! car c'est pour lui que vous étiez perdue, mais, c'est par lui que vous serez sauvée. Je veux dire, si la femme n'avait pas failli, elle n'aurait pas enfanté, mais sa postérité l'a mise au-dessus de tout).

Et vous, tendres époux, qui vous separèrent dès les premiers jours de votre union, si votre âme en cette vallée capricieuse, resta fidèle au mort, vous vous reverrez à l'Outre-terre ; il en sera ainsi fait aux époux qui vieillirent ensemble et dont le chemin quoiqu'étant semé de plaisirs, de tentations et de glaives, resta plein d'honneur.

Quand on a passé l'âge de vingt ans, que fait-on sur cette terre où il y a tant de larmes à répandre et si peu de joies à savourer. Si vous aviez péri à vingt ans, l'heure des plus belles illusions, vous n'auriez pas la douleur de pleurer vos enfants qui n'eurent pas le temps de connaître la méchanceté d'autrui, de douter de l'avenir, de perdre la foi et de maudire les hommes ; aussi, ceux qui meurent jeunes emportent les regrets de tous, regrets qui dureront autant que le monde. Mais ceux qui vieillissent en cette demeure, auront-ils des êtres pour se souvenir d'eux, pour les pleurer quand ils seront ailleurs ?

Remarque. — J'ai dit plus haut : Il faut que tous les hommes meurent de vieillesse ; mais, j'ai

dit aussi : Il faut que tous les hommes soient
bons. . . . .

. . . .

IV

PÉRISSEZ

Vous les croyez morts... les morts !.. Eh bien,
vous vous trompez ! Croyez-vous que s'ils étaient
anéantis, ils vous poursuivraient sans arrêt.
L'époux voit partout sa femme qu'il regrette. La
femme voit partout son époux qu'elle pleure.
Le père voit partout sa fille qu'il a aimée. La
mère voit partout son fils qu'elle a chéri. Alors,
séchez vos larmes, puisque les absents sont toujours là... près de vous...

N'entachez pas votre noble vie en blasphémant
contre le Père Créateur. Non ! il n'y a point de
mort pâle et dévorante telle qu'on nous l'a dé-
crite ; après tant de larmes de répandues ici-bas
seront les joies de la haut ; après l'Enfer au
milieu des fleurs sera le Paradis au milieu des
Roches.

EULALIE-HORTENSE JOUSSELIN   15

Je le dis, c'est en ce paradis que vous senti-
rez s'exhaler de votre cœur des battements doux
et efficaces, et que couleront de vos paupières des
pleurs ineffables.

Car je le dis, à l'heure suprême, tout rentrera
dans le bonheur attendu ; mais, si vous ne voyez
plus jamais ceux que vous pleurez, si après la
mort de votre corps, votre âme tombe au néant,
périssez alors... périssez !... vaut mieux mourir
que de souffrir sans espérances.

Conclusion. — Tout s'oublie, tout se guérit a
écrit un auteur, non ! rien ne s'oublie, rien
ne se guérit, autrement tout tomberait au
néant, et puis, ce qui est oublié, ne revient plus
jamais à la mémoire.

Les événements mémorables ne s'effacent pas !
c'est déjà bien savant d'arriver à les calmer ;
mais faut-il encore avoir l'espérance et la foi
sinon, qui donc pourrait résister à cet adieu ?
O... ne plus se revoir !... Jamais !...

Tandis que l'homme est sublime dans sa douleur. La résignation qu'il met à supporter la terrible séparation d'avec les siens, à l'heure de la
mort, prouve bien que nous nous reverrons tous
dans une vie meilleure. Je sais pourquoi, qu'il
nous semble, qu'à divers instants, nous avons
vécu toujours séparés des morts, mais, à cette
heure, je ne pourrais m'étendre sur ce sujet.

Ah ! que ne puis-je donc expliquer nettement
ma pensée. . . . .
. . . .

V

LE DOGME

Homme, réveille-toi ! ne courbe plus ta tête
sur ton sein qui ne sent plus battre une fibre en
lui. Relève tes paupières qui ne sont plus que
de feu, et tes larmes que tu crois taries viendront
encore mouiller tes cils desséchés ; ces lignes, je
les ai tracées pour toi, afin de te consoler et te
faire sortir des ténèbres qui te tiennent au fond
de l'abîme ; car, si aujourd'hui tu es heureux, tu
seras peut-être éprouvé demain ; aussi, il faut
que mon dogme soit enseigné et répandu partout ; il faut, pour que son baume soulage l'humanité, apaise ses malheurs et la réconforte, que
l'univers le connaisse.

Quand tu auras étudié les vérités de ma foi,
quand tu auras pénétré ma doctrine qui est saine
et juste, tu sentiras à l'instant ta plaie se cica-
triser. Pourtant, je ne pourrais pas plus te dire
ici que je n'ai pu le faire dans l'avant chapitre,

tout ce que je ressens, car, c'est trop grand!...
c'est là !... mais, ça ne veut pas sortir!

Ce n'est ni dans le bonheur ni dans les recherches que viennent les grandes pensées, ce sont
dans les larmes, dans le recueillement et loin des
bruits humains, enfin, dans les ténèbres des lon-
gues nuits sans sommeil et des jours sombres, de
l'hiver, qui sont les heures mystérieuses de la
Planète ; c'est en ces moments de religieuse tris-
tesse que l'âme devient fertile et bruyante, et
qu'elle dicte au cerveau les destinées néfastes ou
fructueuses des hommes, que lui suggère la voix
de ses proches qui ne sont plus ; mais pour arriver à connaître les mystères de la nature, de
l'âme et les mystères célestes, il faut avoir subi
toutes les angoisses, il faut avoir perdu ce
qu'on aime ainsi que les espérances de la terre,
il faut enfin ne plus penser à elle. Mais je le dis,
si la gloire est immortelle, les larmes sont in-
tarissables ; car celui qui cherche la gloire et les
palmiers sera précipité dans le lac funèbre des
pleurs. . . . .

Le dogme.

Homme, tu dois penser que mon tableau est
hardi ; peut-être te fait-il peur?

Mais tu ne pourrais me reprocher d'avoir été injuste! si je t'ai fait voir ta destinée bonne, ou mauvaise, ne t'ai-je pas appris à supporter tes malheurs sans que tu doives proférer une plainte? ne t'ai-je pas défendu contre le crime? ne t'ai-je pas porté au-dessus de tout? Si je t'ai vu mauvais, ne t'ai-je pas fait bon.

Homme, tu ne trouveras pas dans mon dogme consolateur et indépendant, un mot qui me condamne, et quand tu auras approfondi mes Planètes Rocheuses, tu connaîtras les erreurs de la vie et les mystères qui enveloppent l'âme céleste et tu crieras ensuite : « Je me suis trompé! »

Homme, je te parle encore. N'a-t-on pas craché à la face du Christ? Et que suis-je auprès du Christ?.. Rien... alors de me cracher à la face serait trop d'honneurs me faire!..

Le Christ lui, pardonnait à tous, tandis que moi... sans pouvoir m'en défendre... eh bien!... je souhaite au crime le châtiment et pourtant, je pardonne aussi!...

L'envoyé du Grand Maître.

Ne te soucie pas du lendemain, disait le Christ ; mais moi je dis : pense à demain! ne t'occupe pas du jour que tu connais, et alors tu seras toujours heureux ! Mais homme peux-tu me dire ce qu'est venu faire le Christ sur la terre ? Peux-tu me dire pourquoi l'on fête sa naissance et sa mort ? Eh bien ! Enri-errant est descendu aux enfers pour rendre bons et justes tous les hommes, enfin, il fut envoyé par le Grand-Maître pour accomplir une mission.

Ce n'est pas en souvenir de l'Homme-Dieu que nous respectons sa mémoire. Ne connaissant même pas ses suprêmes volontés, nos dévotions ne seraient que pour être en fête, car, nous voulons fêter ! Mais à l'Homme-Dieu qui naquit dans une masure abandonnée par des infimes ; mais à l'Homme-Dieu qui chassa l'opulence, protégea la misère, et n'aima qu'à faire la charité ; mais à l'Homme-Dieu qui était sans abri, (il avait pour gîte la vaste plaine), sans chaussures aux pieds et vêtu de haillons, pensons-nous à lui ? avons-nous songé même une fois à suivre son exemple (1) ?

Puisque nous n'aimons que l'or et les grandeurs, et que nous chassons le misérable pour aduler l'opulent, puisqu'enfin nous méprisons les vertus du sage pour applaudir les extravagances

---

(1) Voir ce que j'ai dit sur le Christ au livre II, aux premiers chapitres.

du fou, comment voulez-vous alors que nous puissions, par nos exemples, changer l'humanité !

Je le dis, si nous avions observé le Christ, sa vie errante et ses suprêmes volontés, les fêtes que nous célébrons en son honneur seraient par nous substituées sur l'heure, et en le traitant encore de scélérat, nous irions ainsi que Judas le fit jadis, lui cracher à la face, et nous l'arracherions de la croix pour le recrucifier.

VI

LES HÉLÈNES

Voilà les Hélènes de la mythologie grecque et romaine, c'est à l'endroit où elles sont qu'on trouve la félicité inaltérable, la jouissance affranchie de toute souillure, la joie ineffable, le bonheur parfait, le rêve éternel.

Dans cet Eden qui nous attend, c'est l'oubli de tout ce qui est contraire au bonheur. Plus de passions qui engloutissent dans l'abîme du deshonneur, plus d'empressement vers la gloire qui extermine tout sur son passage pour régner, plus de jaloux qui jettent leur poison mortel autour d'eux.

C'est la musique enchanteresse qui est plus belle encore en ces lieux, que la disent sur le globe des souvenirs, ces hommes divins, les dieux, Apollon. Où sont-ils ces dieux de la terre qui ont le pouvoir de captiver les auditeurs et de les transporter vers la voûte céleste ? Où sont-ils aux heures de leurs inspirations divines ? sont-ils avec les dieux qui planent ? sont-ils dans les Planètes Rocheuses ? ou bien, sont-ils toujours sur le globe des souvenirs ?

Hommes divins, dites-le ! O !... où vous transportez-vous alors... Apollons de la lyre, répondez !...

Vous vous transportez partout ! et puis, avec les dieux qui planent, et puis avec les vierges et les anges, et puis avec le Maître des maîtres !... . Et vous grands hommes, êtes-vous dans les montagnes Rocheuses et enchantées ?...

VII

LA MUSIQUE

Je compare la musique à la lecture, il n'est pas utile qu'on sache lire pour qu'on soit émotionné jusqu'aux pleurs quand on entend la lecture d'un drame ; de même, on n'a pas besoin d'être un savant musicien pour que la musique vous remue l'âme.

L'homme tout prêt pour commettre un crime, si la musique le charme, les premiers sons qu'il entendra chasseront de sa pensée l'idée de son meurtre.

La musique est l'art qui a le plus d'empire sur les hommes, surtout la musique militaire et les grandes orgues.

Quand le fou entend la musique, il revient à la raison, et le méchant devient bon, (s'ils aiment la musique) car si la musique charme l'oreille, elle est aussi goûtée par l'âme. Il en est de même de toutes les choses qui se font entendre sans qu'on puisse les voir. Voilà pourquoi je conclus que la musique est l'amie de la pensée, comme le travail est l'ami du cerveau.

Quand la musique est exécutée par un maître, on l'écoute avec l'âme d'une sainte Cécile. Elle ravit, transporte la pensée partout, et l'entraîne toujours vers d'autres souvenirs. (Le peintre et le musicien sont bien différents l'un de l'autre ; car à l'un, pour composer un tableau, il lui faut la compagnie ; à l'autre, pour composer sa musique céleste ou profane, il lui faut le rêve et la solitude. Je parle du grand peintre et du grand compositeur de musique).

EULALIE-HORTENSE JOUSSELIN   15.

Remarque. — La musique est un sentiment qui est inné chez l'homme, étant donné qu'il porte en lui une musique vivante ; qu'il soit triste ou gai, en société ou seul, cette musique vivante ne s'arrête jamais, car c'est la nature qui agit. Le larynx de l'homme est un organe musical, dont il fait ce qu'il veut ; quand il parle, sa voix rend des notes dures... hautes... basses... tantôt jetant des accents longs et précipités, tantôt des sons mélodieux et touchants. . . .

. . . .

VIII

LA TERRE EST MUSICIENNE

Quand le coin de notre Planète se réveille au printemps, de son sommeil léthargique, il sourit comme le petit enfant, et, où que l'on soit, on entend les chants gais de la nature, et l'on voit son sourire bienveillant qui n'est qu'une mélodie. Même les tempêtes rugissantes, quand, par instants elles reprenent haleine, envoient des notes lugubres, que l'homme ne pourrait imiter.

Les oiseaux de l'air chantent. Le rossignol ne connaît pas les principes de la musique, cependant, son chant est plus juste encore que celui de l'homme. L'enfant chante dès le berceau et même, il donne à sa mère son premier sourire en un doux accent ; ou qu'il soit posé sur la terre, ou qu'il soit sur son berceau, il entonne alors de son mieux son gazouillement, et prend dans ses mains potelées, ses jambes qu'il lève en l'air, sans se soucier du reste, comme s'il voulait faire un instrument de son corps qu'il fait aller et venir en cadence.

Il y eut pourtant des hommes, tel que M. Théophile Gautier — qui ne manqua pas de partisans — qui voulurent abolir la musique. Vous, M. Théophile Gautier, et vos partisans, vous vouliez tuer les petit oiseaux et les petits enfants, enfin, vous vouliez tuer la nature ; mais elle est plus puissante que vous ! et vous ne parviendrez jamais à anéantir ses lois, car, la nature, c'est le Grand Maître !

IX

MORT DE L'ŒUVRE DE L'HOMME

M. Théophile Gautier, vous ne saviez donc pas que la poésie et la musique sont deux arts qui se marient sans jamais se divorcer, car, ils ne peuvent marcher l'un sans l'autre, et vous étiez ennemi d'elles ? Alors...poète ! étiez-vous poète?...

Vous avez déterré vos devanciers (les musiciens) pour insulter leur génie et les anéantir, quand eux n'ont jamais abaissé personne. Lesquels de vous alors sont les plus dignes ?

L'homme grand, fut-il ennemi de toutes les merveilles, — car on n'est pas obligé d'aimer toutes les choses d'ici-bas — a du respect et s'incline devant ce qui est grand. Vous monsieur, qui aviez les superstitions des gens supérieurs. Plutôt que de vouloir anéantir vos semblables, il eut été plus noble, de chercher à combattre l'injustice des hommes.

Le jour que vous avez voulu tuer l'amie de la pensée, aviez-vous conscience de votre acte égoïste ? non ! alors ! il faut vous pardonner... Et ne vous fâchez pas ! revenez plutôt à la raison ! La musique, avez-vous dit, n'est d'aucune utilité, c'est vrai ! il n'est d'utile à notre enfer que le labour, la chaumière et la navette, sans le labour et la chaumière l'homme périrait par la famine et par le froid. La vie est faite pour pourvoir à sa nourriture, se vêtir et combler de caresses, après son travail du jour, ceux qu'on aime. On naît par l'amour, on vit pour l'amour et on meurt en regrettant l'amour.

Sans l'amour, la vie ne serait pas supportable;

il fait braver à l'homme les injustices du destin
et le rend, tantôt humble et tantôt fier ; enfin,
sur notre globe, c'est l'amour partout, et toujours
l'amour, car c'est le but de la vie ; avez-vous cru,
M. Théophile Gautier, que vos écrits et les por-
traits de famille que vous faites parler dans votre
Capitaine Fracasse, seraient nécessaire pour
notre manne quotidienne?

Erreur !... Il faut les jeter au feu pour en-
graisser les terres, ainsi que les œuvres de
tous, avec les choses inutiles, sans exception.

Jetons d'abord au feu l'ambition et la tyran-
nie des hommes; jetons au feu tous les écrits et
les imprimés quels qu'ils soient.

Jetons au feu les œuvres de sculpture, d'archi-
tecture, de littérature, de peinture et de musique, etc., abolissons les arts, les lettres et les
sciences, brisons les chefs-d'œuvre, les inventions, et les découvertes.

Arrêtons sur les chemins le progrès du mal,
en les faisant périr, crions : « tombe ! aux gloires
mal acquises, et saisissons au collet, pour la jeter
au cloaque, la perversité des siècles ! Tuons les
sociétés qui n'ont pour but que l'orgueil et par
suite sont dépourvus de tout sentiment noble;
mais, laissons vivre celles qui ne sont que pour
le bien.

A quoi servent ces lectures malsaines qui

EULALIE-HORTENSE JOUSSELIN

chassent loin des hommes les bons sentiments qui sont en eux, et toutes ces renommées fausses qui accablent ceux qui les portent et leur font baisser le front comme écrasé par les remords quand ils entendent faire leur éloge. Nous n'avons besoin que d'outillage nécessaire, et pour bâtir nos gîtes, et pour cultiver la terre, et de la navette pour tisser la toile qui servira à couvrir notre nudité.

Je le dis, abolissons tout pour la culture.

Ainsi soit-il.

Mais avant de commencer la destruction, remercions d'abord M. Théophile Gauthier et ses partisans, car, en voulant anéantir tout ce qui est inutile aux enfers, ils nous ont donné là une idée bienfaisante et salutaire.

Quand la chaîne de la gloire n'entravera plus nos pas sur les chemins, quand nous ne penserons qu'à la prospérité de la terre et au bien, nous jouirons alors de la beauté de la nature, nous perfectionnerons encore le labeur des champs, puis, nous posséderons le vrai bonheur; mais, ne soyons pas égoïstes, montrons le bon exemple, et, avant de jeter les œuvres de nos semblables au brasier, jetons-y d'abord les nôtres.

X

LA VOLONTÉ DE L'AME CÉLESTE

Tout n'est que volonté.

L'homme ne doit pas être malade, son âme a le droit de souffrir, mais pas son corps.

Allons homme, sois fort !...

Ne pense pas à ta fange (1), peut-être que tu braveras ton destin ; et alors, tu ne mourras que quand tu voudras...

Quand un homme s'engage à remplir une mission, s'il n'est pas frappé en chemin par la fatalité, il arrivera à destination quelle que soit la distance ; mais, a-t-il atteint la dernière limite qu'une réaction s'opèrera en lui, et il ne pourrait maintenant faire deux pas de plus sans périr ; néanmoins, le trajet aurait été plus long, qu'il serait parvenu au but, car la volonté le soutient et le rend alors maître de lui, vu qu'avant son départ, pour pouvoir remplir ses engagements il avait dit : « je veux ! » Si le chef d'une

(1) Ton corps.

expédition n'est pas tué par un traître pendant le trajet, les péripéties du voyage ne le feront pas succomber.

S'il meurt, c'est qu'alors il n'y a plus d'espérance, et il périra le dernier de ceux qui le suivent dans son entreprise, parce qu'il est le maître et qu'il commande à ses sujets, parce qu'il a l'espérance et la volonté qui sont tout, parce qu'il veut arriver au but qu'il poursuit.

Sur le champ de bataille, ce sera la mitraille qui foudroiera le chef, mais rarement les misères de la guerre, même n'est-ce pas lui, qui ranimera le soldat qui se laissera aller par le découragement ?

Morale. — Ce n'est pas parce que le destin est tracé qu'on doit rester dans l'ornière quand on y est ; il faut, au contraire, pour pouvoir supporter les revers et les afflictions qui nous châtient, chercher à vaincre les adversités et combattre sans cesse avec son destin qui est l'ennemi de la vie ; car, le grand feuillet sentencier (1) dit : « L'existence ne sera que luttes, sois fort jusqu'à ta mort. . . . .
. . . .

(1) Le destin.

XI

LE POUVOIR DE L'AME DU MOURANT

D'après la puissance qu'a notre âme durant notre vie, aurions-nous encore l'idée de douter de son pouvoir à l'heure suprême; qui est la mort de notre corps.

Bah ! serions-nous donc si naïfs !... Souvenons-nous ici des sensations qui s'opèrent en nous quand l'un de nos proches ou amis doit bientôt rendre le dernier soupir. L'agonisant alors, appellera ceux qu'il veut voir avant de mourir; ici, je me trompe, je veux dire : sa volonté qui est sa pensée.

Il est évident que les derniers moments du mourant lui font ressentir plus que jamais l'amour qu'il a pour ses parents et amis. Voilà même un cas remarquable, le patient, durant sa maladie, a le plus souvent de la répugnance pour celui qu'il aima le plus dans sa vie. Arrivons maintenant à son dernier soupir qui est un soupir de lassitude de la vie matérielle allié d'un soupir de soulagement pour la vie céleste qui lui fait alors prendre son vol pour aller... où ?...

Je voulais dire : notre âme s'enchaîne à l'âme du moribond, parce que, au moment d'abandonner les hommes et l'enfer, il voit tout à coup se dresser devant lui comme un spectre vivant, la page écrite de sa vie, qui lui apparaît en une seconde, eut-elle cent ans. C'est le flambeau de la mort qui passe et repasse devant ses yeux éteints.

Ces nuages, calmes ou inquiétants se meuvent avec célérité et, c'est à ce même instant que tous les êtres que le mourant a évoqués se trouvent alors attirés vers lui ; mais ceux qu'il a oubliés durant son agonie n'éprouveront point ces rapprochements mystérieux dont je parle.

Quelle que soit la distance qui nous sépare du mourant, nous vivons pendant quelques heures avec son âme céleste, de plus, nous éprouvons à son égard un tourment inexplicable. Le sceptique moqueur ressent les mêmes impressions que les autres. Est-ce que le deuxième monde (1) qui est en lui n'est pas fait à l'exemple des autres, deuxièmes mondes des humains ?

Remarque. — Quand nous pensons sérieusement à quelqu'un, ce quelqu'un est parfois en route pour venir nous voir. Pourrait-on nier en-

_____

(1) L'âme.

core que les âmes s'entrecroisent? .. .. . .
. . . .

Si après ce que je viens de dire nous doutons
encore du Père Créateur, il est clair que c'est
nous-mêmes qui sommes Dieu. Eh bien! si nous
sommes Dieu, le monde n'eut pas de commencement et n'aura jamais de fin. Le père engendre le fils, le fils engendre le père, les oncles
les neveux, etc.; et tout ce monde meurt et
renaît sans interruption.

Ne vaudrait-il pas mieux l'anéantissement
qu'une telle misère? car enfin, j'avoue que, pour
manœuvrer de la sorte, nous sommes de bien
tristes dieux; mais il est vrai que, de partir pour
l'Outre-terre, si cela est épouvantable pour l'un,
c'est bien la délivrance pour l'autre, quoique l'a-
gonie est plus terrible en s'en allant par là qu'en
revenant par ici.

Nous pouvons donc chanter triomphalement,
et en vainqueur, sans jamais dire *amen*, chaque
fois que nous réapparaissons sur le globe moqueur: « nous étions partis, nous voilà revenus! »

Si vraiment nous sommes ici-bas sans but ni
raison, s'il n'y a pas une vie meilleure que celle-
ci, assurément, nous sommes Dieu en personne,
je viens de le dire; mais, je dois dire aussi que
nous sommes des dieux bien étranges, car, en
vérité, on ne pourrait, en pure bêtise, être mieux

réussis. que nous. Puisque les dieux ont tous les pouvoirs, pourquoi donc alors nous commandons-nous aussi nuls, étant donné que, nous n'avons aucune autorité sur nos destinées ? Car, en vérité, pourquoi supportons-nous les angoisses, les maladies et les infirmités qui nous accablent ? et pourquoi vieillit-on sur ce globe moqueur, et pourquoi y meurt-on ?

Ma foi, je ne vois aucune utilité à tout cela, qu'une rude charge au contraire, pour chacun de nous; par suite, ce que l'homme aurait acquis dans sa précédente existence, fortune, savoir, etc., serait donc perdu pour l'existence présente? Certes, l'homme étant mis sur la terre sans but ni raison ne retrouverait pas en revenant ici, ce qu'il y a laissé en s'en allant là ; alors, la métempsycose et toutes les doctrines de ce genre seraient donc vraies? quelle déroute !... Quelle misère !... .

Si, vraiment, nous sommes des dieux, nous sommes aussi des gueusards déshérités de toutes capacités ou alors changeons les destinées, pour que l'enfer au milieu des fleurs ne soit plus fatal à autrui !

Je le dis, les dieux se réveillent enfin et pour toujours, car ils dorment depuis trop longtemps. Ces dieux de la terre (1) ne veulent plus de maladies, plus de difformités, plus de vieillesse,

(1) Les hommes.

plus de mort surtout, et ils chassent loin d'eux
les tristes souvenirs du passé, car ces dieux veulent maintenant posséder sur ce globe mortel, le
Paradis des jouissances sans fin.

XII

LA PLANÈTE DU SANG

Notre Planète est la plus mauvaise. C'est la
planète du crime, du feu et du sang. Les éléments
du globe enragé, les tempêtes, les ouragans, les
cyclones et les tremblements de terre, ne sont-ils
pas terribles?

Quand le vent se rue sur notre globe, quel effrayant spectacle se présente à nos regards!
voyez la mer! voyez le firmament! lesquels se
confondent l'une et l'autre dans leur puissance en
une trompe qui déchire l'espace. Nulle expression ne pourrait rendre leur incomparable désastre qui subjugue et foudroie tout ce qu'il rencontre sur leur passage.

Qu'est donc « l'Enfer de Dante et les terreurs
de ses damnés à côté des éléments de notre enfer quand ils sont en furie? Dante! pourquoi es-tu sorti de notre vallée en feu ! tu n'avais pas be-

soin pour nous d'écrire ton Enfer » de descendre encore.

As-tu cru que, pour savoir ce qui se passait en bas, il fallait fixer le sol ? nous n'avons pas besoin de nos yeux pour voir, ils nous seraient plutôt nuisibles.

Nous élevons nos regards vers la voûte céleste, pour implorer le Grand-Maître, et nous les abaissons sur la terre pour lui donner nos larmes et nos soupirs !

Dante, tu n'eus donc pas de châtiment à supporter ? tu n'eus donc que lauriers ici-bas ?

Heureux martyr !.... ne sors pas de ton enfer (1), il est moins dur que le mien, il est moins traître aussi, car lui... ne frappe point sournoisement ses habitants, et les hommes ne s'y massacrent pas ; car où il n'y a ni or ni besoin de nourriture la gloire et la jalousie ne peuvent exister, et les hommes y sont égaux.

L'enfer et l'or.

Notre globe est plus souvent calme qu'en furie me dira-t-on, je le sais ; mais vous vous trompez

---

(1) Voir ce que j'ai dit à ce sujet au livre III chapitre : mort de l'enfer

EULALIE-HORTENSE JOUSSELIN

tout de même, car le globe en colère voit, sans
interruption, des larmes répandues partout. Il
voit, sans interruption, commettre des crimes
partout. Il voit, sans interruption, la douleur,
les drames et la mort partout, car le globe furieux n'est qu'un lieu de massacre.

C'est sur notre planète où les hommes sont
injustes et méchants, où il y a d'horribles monstres, où la pluralité des humains est assujettie à
toutes les maladies, et où l'on vit le moins longtemps.

Car, je le dis, c'est la planète des souffrances
et où l'on doit travailler sans relâche, la seule
où se forme les hommes illustres et les sages ; et,
encore une fois, c'est la planète des épreuves,
des tentations, du châtiment et du perfectionne-
ment. Et pourquoi donc les hommes grands et
sages ne profiteraient pas des jouissances de la
terre comme ceux qui en abusent, n'appartien-
nent-elles pas à chacun ? D'une autre part, pourquoi y a-t-il tant de criminels, de perfides et de
Judas etc. ?

Pensons au mélange d'individus qu'il y a
dans la vallée du crime, mélange qu'on ne pourrait étudier y passerait-on mille ans, et l'on
jugera de la vérité de mes paroles.

Je le dis, notre globe est semé d'or (1) pour
tenter l'homme, (sans ce métal, notre enfer ne

(2) Voir ce que j'ai dit à ce sujet au livre IV, chapitre :
mort de l'enfer antique

serait pas l'enfer) comme la pomme tenta notre premier grand-père Adam dans son paradis terrestre.

Heureux celui qui n'envie pas l'or.

Je le dis, il faut que l'homme sache résister aux séductions, et qu'il supporte patiemment les méchants et sa chaîne.

Je le dis, le bonheur de jouird'une autre Planète ne s'acquiert pas sans épreuves ni mérites.

Je le dis, ici bas, rien ne reste impuni, car la justice in.manente du Grand Maître frappe un jour les coupables. Homme persécuté tu te plains et tu dis : « Je fais tout pour le bien pourtant je ne puis supporter mon fardeau, je tombe sous son poids comme le Christ tomba sous la croix ». C'est que tu as commis trop de fautes dans ta vie précédente et tu es puni comme tu as fauté ; mais le Grand Maître veut te pardonner en ce châtiment qu'il te fait subir, et quand tu auras abandonné la terre, tu seras heureux là où tu iras.

XIII

LE TRONE

Grand Maître, quand en un instant éphémère tu nous conduis en ton palais ravis de bonheur ; mais pas en une demeure pleine de magnificence telles qu'en ont tes valets. Ton trône est sans luxe ! Pourquoi fais-tu un jouet de tes esclaves ; pourquoi les enivres-tu d'un bonheur parfait. Quand tu as fait voir à tes valets le mystère de ton paradis, en les faisant redescendre au milieu du bourbier qui est enchevêtré de tes puissantes chaînes, tu leur cries : « Ta tâche n'est pas achevée, vas d'où tu viens reprendre tes fers ; mais je veux te faire voir à l'avance, si un jour tu le mérites, la place qui te sera donnée.

Regarde... La voilà !...

Les justes qui sont aux enfers y passent leur dernière existence (1), que viendraient-ils faire encore sur le globe des pénitents ?. eux qui ont toujours prêché la sagesse et semé partout les bienfaits ; que viendraient faire aussi ceux qui ont enrichi le monde de leur savoir, mais je crois

(1) Voir au livre III, chapitre V.

que ces créatures ont rempli leur tâche, et qu'ils ne doivent rien à la vallée du crime.

Suivons la maxime de ces justes : et quand la mort viendra, nous nous endormirons de leur sommeil; gardons jusqu'à l'heure suprême une volonté absolue, et la place qui nous est due au Paradis Rocheux ne nous sera pas ravie.

Cependant quelques-uns diront : « nous tenons à la terre, aux flammes incessantes qui tantôt nous consument et tantôt nous réjouissent; voilà pourquoi nous voulons revenir aux enfers. Eh bien! si vous voulez revenir aux enfers et y revoir le pays que vous avez aimé et les gens qui vous ont été chers si toutefois ils y reviennent en même temps que vous, soyez nantis d'une force suprême pendant votre vie, et criez en vous :

« Grand Maître... je veux cela! » et le Grand Maître exaucera votre prière à votre mort.

Sans cette volonté, m'entendez-vous, vous serez abandonnés au milieu des flots humains, et votre barque, ira à la dérive.

Cette pensée d'une autre vie poursuit tous les hommes, et, malgré eux, ils s'arrêteront sur la vie future qui les attend.

Et vous humains, qui fuyez l'enfer au milieu des fleurs, et dont la vie fut bonne, vous n'avez aussi qu'un mot à dire : « Grand Maître... je veux ! » et votre prière sera exaucée à l'instant absolu.

Je le dis, la résignation et la clémence agrandissent l'homme, il est clair alors qu'en mourant on emporte à l'Outre-terre son savoir et ses vertus. Telle sera la conscience quand on abandonnera la vie, telle sera la destinée là-bas.

Puisque la vertu et tout ce que l'homme a acquis dans la vallée injuste ont fait de lui un autre sujet, est-ce le corps qui s'est agrandi ?

Non ! le corps ne s'agrandit point, attendu que jamais homme n'a pu deviner la fortune matérielle et immatérielle, que diverses créatures portent en elles et que, contrairement, tout ce qui est visible à l'œil nu n'est que fange.

Conclusion. — Tout le monde sait — puisque tout le monde le fait — que nous n'entreprenons quoique ce soit sans que nous implorions qui ? quoi ? surtout dans la douleur et dans l'adversité (1).

L'imploration est innée chez l'homme, c'est une maladie qui le persécute comme l'envie de vieillir.

Même l'athée ne pourrait s'en défendre. Il est clair qu'au moment de la mort, nos implorations

(1) Voir ce que j'ai dit à ce sujet au livre III, et au livre IV.

sont comme dans nos adversités, touchantes et
sans interruption. Mais à l'heure solennelle, la
volonté nous manque pour dire ce mot : je
veux !

Pourtant, ce mot nous placerait si nous avons
été juste ici bas, au rang que nous voulons atteindre ailleurs. Après avoir plané peu de temps
dans l'espace pour nous sanctifier, les chemins
célestes s'ouvriraient devant nous, et la main ten-
due vers la nôtre, nos pères nous conduiraient
heureux vers la place qui nous serait désignée.

. . . .

XIV

LES MYSTÈRES DE LA NATURE

Avant de prophétiser le bonheur qui nous attend dans les Planètes Rocheuses, je dirai quelques mots sur les mystères de la nature et de
l'âme, et sur la fin de la terre.

L'atmosphère est investi de petits êtres, que
j'appelle famille invisible, qui voltigent dans
l'espace et que nos yeux ne peuvent pas plus
voir qu'ils ne voient notre âme.

L'air n'est qu'un fourmillement d'êtres qui parcourent l'espace sans interruption, et qui engendre les fièvres où il passe. Cependant nous avons l'habitude de dire : c'est le mauvais air qui donne les mauvaises fièvres. Nous ne savons pas que ce sont ces familles invisibles qui laissent à l'endroit ou elles prennent du repos leur venin contagieux.

Dans les pays assainis, les fièvres sont moins fréquentes, vu que ce sont ces invisibles et les serpents qui aspirent l'air vicié plutôt que les hommes.

Cette salubrité qui, d'une part, rend leur venin moins mortel, tuent beaucoup de ces êtres qui ne vivent que de mauvais air comme le serpent, aussi sa morsure est plus mauvaise quand il habite des contrées malsaines ; d'une autre part, ces insectes purifient l'air, sans cela, nous serions infestés de maladies.

Dans les pays brûlants, le nombre de ces familles est écrasant, c'est bien pour cette cause que les fièvres y sont incessantes, pourtant, elles sont comme les diptères de notre pays qui s'éteignent avant que la nature soit recouverte de son manteau glacial ; elles meurent aussi pour reparaître à la même époque ; elles ou d'autres, qu'importe.

La nature a ses secrets qui resteront toujours impénétrables.

16.

N'est-ce pas surprenant de voir chez certaines
familles animales de l'ordre des batraciens
anoures, tels que les crapauds, des êtres qui restent blottis dans un endroit quelconque pendant
des mois, où ils ne peuvent prendre aucune nourriture. Comment se fait-il donc que ces animaux
ne périssent pas ? alors, ce serait l'air, comme
on le sait, qui nourrirait ces batraciens ?

Grandeur terrestre.

La terre est orgueilleuse, elle se fait valoir et
veut paraître aussi puissante que ses rivales,
les autres planètes. Aussi, les chefs-d'œuvre des
hommes et la nature paraissent plus haut qu'ils
ne le sont, tandis que les nuages semblent s'a-
baisser sur toutes les merveilles du globe rieur,
ne dirait-on pas que la voûte céleste veut emporter la vallée des souvenirs sous ses ailes ?
voyez la terre comme elle paraît fière de sa
force, car elle se rehausse toujours, et rehausse
aussi les chefs-d'œuvre des hommes et du Grand
Maître, car elle veut être grande ! La nature,
ainsi que les dieux de la vallée rieuse, se prêtent
à cette majesté qui grandit toujours ; aussi, le
globe fleuri forme une harmonie de nuances qui
sont et majestueuses et poétiques à la fois. Que

de grandeurs il y a dans cette vallée de fleurs
et de misère ! Eh bien ! je le dis, cette terre est
vivante.

Preuve. — Si on la fixe pendant longtemps,
on verra l'endroit où les yeux se sont arrêtés se
mouvoir doucement.

Oui, la terre est vivante, et elle créée des êtres
par sa propre opération, où, pour mieux dire, par
l'opération de la nature, ce mystère existe depuis
la formation du globe ; même notre corps ne crée-
t-il pas et ne nourrit-il pas des vers ? alors, pourquoi donc la terre, qui est combien de mille trillions de fois plus forte que l'homme, n'en ferait
pas autant que lui ?

Tout ce qui est ordure est vivant, tout ce qui
est sale et qui croupit donne des animalcules.

La crasse du corps est vivante, elle fait naître
des poux de corps, la crasse des cheveux est vivante
elle fait naître des poux de tête. Et combien de
maladies créent des poux, la science médicale
connaît cela.

Divers bois donnent des puces, les cloisons
sales donnent des punaises. Ces parasites ne
tombent point des airs, ce sont des nourrissons
casaniers qui s'abreuvent de notre sang, sauf les
poux, ces derniers se nourrissent de notre cuir
et crasse.

Le pou de corps ne rend point de visite au
pou de tête lequel non plus ne bouge point de

sa crinière. La punaise, à l'exemple de ses amis, ne fait point de promenades hors de son gîte. On ne saurait croire combien de temps ces êtres peuvent rester sans prendre de nourriture.

L'homme qui fait sa couche sur la terre, longtemps au même endroit, le contact de son corps avec la terre créerait des poux.

Les pois ont leur rongeur qui les dévorent quand ils sont dans leur cosse, puisque cette cosse est close, c'est donc le pois qui a conçu ce rongeur, alors, le pois vit. Les fruits vivent aussi, ce sont les meilleurs fruits qui créent et renferment en leur sein des êtres qui sont à l'exemple des pois. Chose remarquable, chaque espèce de fruit renferme en lui, toujours la même famille.

Les pommes de terre ne créent pas, vu que le rongeur le péronospora infestant, s'introduit lui-même dans ce fruit.

Les matières grasses qui sont alliés à certains corps par exemple, aux cendres et autres créent des êtres.

Quant aux familles végétales, cétacées et animales qui sont conçues par la nature, ne faisant pas un cours d'histoire naturelle, j'en laisse l'énumération et la description aux hommes de la science.

Les mystères de la nature.

Les océans, les fleuves et les lacs qui ne sont que des traîtres, sont les plus puissants de notre globe et ils sont vivants. La mer ne donne-t-elle pas le varech qui lui-même est vivant comme les rochers de l'Océan.

Si l'on regarde longtemps les rochers de la mer, on aperçoit alors de petits êtres sortir de leur flanc. Or, les rochers sont mères. Pour mieux dire, la nature est mère ; elle enfante des êtres sans se jamais lasser ; mais la terre ne crée pas seule, elle a son mâle ! Son mâle?... c'est l'eau qui tombe de la voûte !

L'eau est comme le reptile, elle descend toujours dans les cavités, cette grosse bête noire, à tête plate, qui est toujours furieuse, fascine l'homme et l'attire dans son gouffre inépuisable comme le reptile attire son ennemi (1) vers son poison. Ces monstres (2) tiennent-ils dans leurs flancs une victime, pour la narguer davantage, ils la feront re-remonter trois fois vers la voûte céleste, et,

(1) L'homme.
(2) L'eau douce et l'eau salée.

*après ce lugubre stratagème, ils emportent
sans remords leur victime dans leur enfer.*

*Le feu vit de la même manière que l'eau,
la traîtresse ; mais le feu, dans son suprême
orgueil, fléchit pourtant à la prière des hommes, et, il n'y a que les matières qui passent
dans son corps vainqueur, qui meurent.*

*Je le dis, les matières qui n'ont pas été atteintes par l'orgueil (1) sont vivantes, vu
qu'il n'y a que les cendres qui ne peuvent
pas concevoir par ce qu'elles sont mortes. Il
est beaucoup d'autres matières à cet exemple et que tout le monde sait. Le feu s'éteint,
mais il ne descend jamais ; il monte dans
les airs fier comme un conquérant ; quel
contraste avec l'eau qui descend toujours ?*

La terre appellera aujourd'hui son mâle avec
instance ; mais il restera insensible à ses plaintes.
Et demain ?... Ah... il aura une faim dévorante
de sa femelle la terre et l'accablera sans pitié !
ce n'est qu'après avoir jeté son germe à sa
femelle, que la nature sortira du sein de cette
dernière, et le soleil, le conquérant de la terre,
nourrira ce que la terre a conçu.

Je le dis, la terre est féconde et n'a point
besoin des mains de l'homme pour enfanter ; n'a-

(1) le feu.

t-elle pas son mâle (1) qui engendre et fait sortir des flancs de sa femelle ses familles de toutes les castes ? sans parler du travail de l'homme; c'est le mâle de la terre (2) qui donne les forêts vierges, etc. la production des savanes, l'herbe en tous les endroits du monde, dans les palais, dans les jardins, etc. L'herbe des jardins qui est conçue par la terre, doit être cueillie sans arrêt, car étant la plus puissante elle engloutirait le labeur de l'homme. Admirons-là les fleurs des bois, ici, les fleurs des champs, des haies, les bluets dans les blés ; ailleurs, ce sont les fleurettes qui croissent dans les étangs et qui, malgré les miasmes qui les entourent sont restées chastes !

Chaque coin de terre crée sa famille, ici, c'est la fougère qui croît ; là, c'est la bruyère ; plus loin, c'est le génévrier; ailleurs, ce sont les fruits sauvages ; à côté, ce sont des touffes de mousses ; là-bas, c'est le chiendent de toutes espèces qui pousse et dont on ne peut se débarrasser même. En cet endroit, la nature a conçu l'herbe folle, l'herbe sage, l'herbe malade, l'herbe saine.

Car je le dis, la terre porte la folie et la

(1) L'eau.
(2) L'eau.

sagesse, la maladie et la santé, la vie et la mort
de l'homme.

Les mystères de la nature.

Je me suis souvent demandé d'où l'araignée pouvait sortir ! on la voit bien travailler
après ces ingénieux filets sans s'arrêter ; (je
crois qu'elle est l'inventrice du filet, et que
l'homme a dû prendre exemple sur elle pour
faire ce tissu) mais on ne la voit jamais en
compagnie. Or, comment l'araignée est-elle
fécondée ? serait-ce par les cloisons et les murs ?
ma foi, je n'en sais rien ! et personne, sur ce
sujet, ne pourrait en dire plus que moi. . . .

. . . .

La femelle des poissons est féconde, sans le
mélange des deux sexes, dit-on. Il revient des
pattes aux écrevisses, quand on les leur a cou-
pées, dit-on. Les polypes, lorsqu'on leur a coupé
la tête, ont en eux de quoi faire renaître une
autre tête, dit-on.

Voilà ma foi des animaux qui sont plus heureux que les hommes, car certes, la tête et les
membres de ces derniers, quand ils ont subi les
mêmes opérations que les premiers, ne repous-
sent jamais. . . . .

. . . .

EULALIE-HORTENSE JOUSSELIN

Et l'escargot, que nous montre-t-il ? ses cornes, rien de plus. Oh ! si l'escargot concevait sa famille, il serait sans témoins, au reste, rendons-nous compte de la vérité, nous dirons alors que la nature engendre toujours, et qu'elle fait sans cesse des merveilles.

Or, je dis encore une fois qu'aucuns coquillages de la terre et de la mer, etc., ne pourraient point concevoir et qu'ils sont créés par la nature, que la mer est mère, que la terre est mère, et qu'enfin l'eau qui tombe de la voûte est mâle. .

. . . . -

Le bois qui n'est plus sur pied vit encore, puisqu'il travaille sans arrêt et fait plus de bruit que lorsqu'il se montrait avec toute sa fierté, quand il était entouré de sa famille, et, contrairement à l'homme dont le corps tourne en vers sitôt qu'il est enseveli, le bois engendre des vers quand il est vieux, or, il reste donc en lui la sève de la vie ? tandis que le corps de l'homme n'a plus rien ! ne peut plus rien et n'est plus utile à rien quand on lui a tranché la tête.

Par exemple, la création serait finie si on contrariait la nature ; je veux dire, si on la faisais mourir. Il est clair qu'en lui retirant tous ses droits, on lui retire tous ses pouvoirs, c'est-à-dire que la nature n'aurait plus de puissance sur les choses et les êtres qui seraient clos hermétiquement.

Si on enfermait à cet exemple la récolte, n'ayant plus d'air pour respirer, au lieu d'embellir, elle périrait fatalement, et la terre ne créérait plus.

Encaissé de la même manière, l'homme le plus fort de notre enfer, au bout de quelques minutes d'encaissement, cet hercule se soucierait peu de la nature qui rend le dernier soupir et de la récolte qui est en train de s'éteindre, étant lui-même en train de périr aussi.

Si l'on pouvait observer tout ce que crée la terre et tout ce qu'elle porte, on aurait alors trop d'études à faire. Tous ces êtres qui sont invisibles à nos regards, dont j'ai parlé plus haut, on ne les connaît pas plus qu'on ne connaît les monstres qui vivent dans les forêts vierges et ailleurs. Ils naissent et meurent comme les premiers sans être aperçus des hommes. Il faudrait bien quelques milliers d'années pour faire ces recherches zoologiques, que seraient donc Cuvier et Linné si l'on découvrait tous les mystères de la nature. Que de plantes et d'herbages sauveraient l'homme de périls imminents, s'il savait les secrets de leur efficacité ; mais pour qu'il puisse reconnaître les propriétés qui lui seraient utiles pour la conservation de ses jours aux enfers et le préserver des dangers qu'il encourt à tout instant, il lui manque ce que la bête possède :

l'instinct; s'il avait l'instinct (1), il préviendrait les maladies qui l'accablent et il mourrait de vieillesse. Mais la nature qui est le Grand Maître est plus fort que lui.

Nous, les êtres les plus puissants de la terre, resterons-nous plus longtemps dans le scepticisme ? quand on arrête ses pensées sur les mystères de la nature, peut-on douter encore que l'homme ait une âme ? Peut-on douter de la puissante et vivifiante manne des Planètes Rocheuses. Peut-on douter de l'astre qui, en ce lieu de délices, nous nourrit toujours !

XV

LE VENT ET L'AME

Le vent et l'âme céleste sont les plus puissants de la création.

Le vent, cet élément mystérieux se fait entendre et sentir, mais il ne se fait point voir, telle est notre âme. Comment vient-il ? d'où vient-il ? et où prend il sa source ? Personne ne le sait

(I) Voir ce que j'ai dit à ce sujet au livre III, chapitre : les hommes et les animaux.

puisque personne ne le connait, telle est encore notre âme.

Pourtant le vent existe, il vit, mais il est bien au-dessus de la force et de l'imagination de l'homme.

L'âme céleste existe de la même manière que le vent, opère en nous, autant de ravages qu'en font les tempêtes sur la terre (1) par suite, l'âme céleste court avec une célérité que le vent malgré sa prestesse ne pourrait aller plus vite.

Entendons maintenant la légende qui suit, sur le mystère de l'âme de la tempête, qui est le vent.

Légende

A certaines périodes, les patrons des démons en courroux (2), qui aboient dans les espaces, se révolutionnent contre leurs valets (3).

Les démons alors, se ruent, sur les âmes punies qu'ils pourchassent sans trêve, c'est le

(1) Voir ce que j'ai dit au chapitre : la planète du sang, livre V.

(2) Les mauvais esprits.

(3) Les démons.

combat gigantesque, la bataille sans arrêt, le massacre sans mort ; puis subitement, toutes ces furies se mettent à crier avec intensité, à articuler des gémissements, des sifflements aigus ; à pousser des hurlements prolongés d'une telle force, qu'elles terrifient les hommes... alors, la tempête diabolique devient effrayante et avide de destruction, et rien ne peut résister à cet infernal carnage. .

L'espace tout à coup s'emplit de fusées exterminatrices, les armes aussitôt s'entre-choquent et tout se brise sous les coups des démons. Ce n'est plus qu'un cliquetis d'injures et de sifflements redoublés qui épouvantent tous les êtres. Les hommes s'enferment sous leur toit. Les fauves rentrent dans leur tanière, et malheur au retardataire qui brave leur colère féroce.

Le sang des hommes ne suffit donc pas à la vallée orageuse qu'il lui faille encore, dans ses guerres aériennes, qui ensanglantent la nature, le sang de son sang.

Après un tel combat, quand les patrons des démons furieux et leur troupe enragée ont besoin de se rafraîchir, ils se précipitent avec fracas dans les océans et font éclater les tempêtes, c'est là qu'on entend les sourds grondements des flots se ruant les uns sur les autres, et les vagues qui mugissent furieuses, engloutissant dans leur colère entière, les navires impo-

sants qui, l'instant d'avant, glissaient légers sur
cette grande face trompeuse (1). Mais hélas !
cette face est trop capricieuse.

O mer ? qu'as-tu fait des humains qui, avant ta
colère étaient portés avec majesté par les coquettes volantes (2). Maintenant sur les flots tout
est mort ! on n'entend que les gémissements des
agonisants qui implorent, du fond du gouffre,
la mer inexorable ! mais l'ogresse reste sourde.

O sépulture glaciale ! pendant que les vagues se battaient furieuses, toi, tu reposais en
paix, tu attendais pour repaître tes entrailles in-
satiables cette pâture que t'ont jetée en ricanant, les noirs démons, car tu englobes toujours
dans ton tombeau qui est sans abri et sans gîte,
les richesses de la terre et ses créatures. Tu n'as
donc pas assez de tes familles ?

Ta rivale, la terre et toi, vous luttez comme
les humains, et c'est toi. . traitresse... qui, en
tes entrailles porte l'injustice.

Les éléments du globe sont donc aussi injustes
que les hommes, puisque la vallée du combat
met sa postérité en lambeaux quand elle est en
courroux et s'appauvrit ? tandis que toi, qui
es plus riche que la terre, tu sors victorieuse de
toutes les guerres sans une égratignure, et tu

(1) La mer.
(2) Les navires.

t'enrichis encore ; l'étranger qui te visiterait après tes ravages ne pourrait croire à tes crimes. Pourtant, ogresse, tu n'as jamais subi de châtiment. Tu es plus dure que Dracon !

XVI

MORT DE LA TERRE

Eh quoi ! n'entendons-nous pas dire de toutes parts que la fin du monde ne viendra jamais !

Sommes-nous donc si aveugles !

Pourtant, les éléments de la planète enragée, le génie du mal et du bien, qui, de tous temps a été inventé par les hommes, nous annoncent, mais, pour quelle époque ? L'anéantissement de notre enfer. Oh ! je ne veux pas dire qu'il aura lieu demain.

Précédemment, divers sujets avaient prédit l'effondrement de la terre, néanmoins, elle est toujours là. Je vais aussi prophétiser, mais brièvement, l'engloutissement de notre globe tel que je le vois : c'est-à-dire que, si le monde a eu un commencement il aura une fin, car il n'est rien ici-bas qui naisse sans mourir.

Serais-je trop en retard pour ne pouvoir annoncer l'année, le jour et l'heure de cette terrible, mais grande et inévitable catastrophe. Cependant, je puis dire hautement que, malgré les dangers qui nous entourent et nous poursuivent, la fin du monde est encore très loin de nous.

Voici ce que je prévois pour la destruction de la terre :

Ceux-ci dormiront calmes sur leurs couches, et ne sentiront pas la mort venir les saisir ; ceux-là seront effrayés du carnage qui soudainement, viendra les frapper, alors, ils voudront se débattre contre la mort, mais cette dernière en femme vainqueur, laissera tout faire : affolements indescriptibles, hurlements prolongés, secours invoqués, tout sera vain. A cette heure tragique, tous les peuples de la terre se jetteront ensemble à genoux pour demander grâce à la mort ! Mais ce sera leur dernier mot.

Les ténèbres tomberont plus noires que la nuit, la trompette hurlante s'annoncera alors tout à coup, sans interprète ni valet.

. Je le dis, tout tombera de terreur, et le front des humains se courbera jusqu'au sol.

La vapeur de ce temps là (car la vapeur de ce temps-ci n'existera plus, depuis combien de temps ?) qui, dans sa grandeur étonnante, sera toujours sans pardo.., tombera pour ne plus se relever.

La foudre descendra de la voûte céleste qui alors sera tout en feu.

L'électricité jettera sa dernière clarté, et le piège exterminateur qui ne frappe jamais l'ennemi, la dynamite (si électricité et piège exterminateur, il y a encore) feront l'un et l'autre, un ravage terrible.

Les roches s'écrouleront ; les monts ne seront plus que des volcans qui seront comme la voûte céleste, tout en feu! Les tremblements de terre engloutiront les villages et les villes, que le désastre aura épargnés dans ses ravages. Les grosses bêtes noires, je veux dire les fleuves qui ne dorment jamais et les lacs qui dorment, sortiront de leur nid.

Ah ! je le dis, à cette heure qui sera sans pardon, le coup de trompette sera effrayant.

Plaignons les postérités à venir, que de choses terribles, si le monde eut un commencement se préparent pour elles, quand il aura sa fin : Heureux, ceux qui ne seront pas là pour voir, car, avant l'heure du désastre, il se passera entre les hommes, des drames sanglants et des catastrophes inénarrables.

17.

XVII

LE PARADIS ROCHEUX

Nous habitons mille ans les Champs-Elysées, nous dit Virgile, puis nous buvons de l'eau du fleuve Léthé et nous revenons sur la terre.

Virgile ! tu ne pensas pas assez !
Virgile ! tu ne fus pas assez inspiré !
Virgile ! tu étais trop jeune !

Je respecte, tes œuvres, mais je ne puis m'empêcher de te dire ma pensée sur tes erreurs, quoique je ne sois pas poète *de profession*.

Croirais-tu que, si grands que nous sommes dans les Planètes Rocheuses, et qu'après y avoir été immuable, nous puissions jamais retomber si bas ?

Croirais-tu que, pour te plaire, nous voudrions consentir à nous jeter encore au milieu de ce bourbier (1).

Vraiment non !... Virgile !

Si tu avais observé l'humanité, et son volcan en feu, tu n'aurais pas tenu ce langage. Tu avais

(1) La terre.

EULALIE-HORTENSE JOUSSELI

la calme chaumière et les bois pour te faire rêver encore !...

Tu avais tes pensées qui te rendaient heureux et grand !... Mais... tu n'étais pas mis sur la terre pour étudier les humains.

O ! les bois... je les connais... c'est là... où l'on peut rêver à son aise ; c'est là où règne le seul bonheur qu'on a aux enfers ; c'est là enfin, où l'homme est bon !... Mais au milieu du tourbillon humain, vois donc l'existence qu'on y achemine.

Cette existence n'est-elle pas sotte, ridicule et baroque ? car dans cette pauvre chaudière (1) où nous sommes plantés ; on y brûle aujourd'hui, demain on y gèlera; on désire toujours ce qu'on n'a pas ; on regrette sans cesse le temps qui n'est plus, et on dessèche d'envie de revoir les lieux où l'on a vécu. Et tu voudrais toi ! poète !... qu'on recommence dans la vallée du châtiment une vie semblable à toutes les vies écoulées ?

Point du tout... Virgile !...

Quand on est dans les Planètes Rocheuses, on ne peut plus en sortir, voici pourquoi : Pour renaître dans une planète quelconque, il faut que le corps soit mort ; (ce qui est mort n'est bon qu'à être jeté au feu) alors, si nous revenions sur la terre ainsi que le dit Virgile, nous serions donc

(1) La terre.

assujettis à toutes les maladies et, par conséquent, nous serions aussi infect dans les Planètes Rocheuses quedansla vallée du crime, puisqu'il faudrait reprendre à la terre, pour revivre
sur la terre, la pourriture que nous lui avons
laissée en gage en mourant, qui est notre corps,
pour les aliments qui l'ont nourri pendant qu'il
était ici-bas. Il n'y a que celui qui revient sur
la terre, et qui n'a pu aller au Paradis Rocheux
qui reprend un corps humain, mais non son
corps qu'il a donné à la terre ! tandis que l'àme
céleste n'a point besoin de la terre pour grandir
et pour vivre, or, elle ne doit point de remerciements à la terre, et son séjour, quand elle est
purifiée, est bien dans les Planètes Rocheuses.

Cette riche végétation qui grandit à force
d'immondices est à l'exemple de notre corps qui
s'en retourne en poussière quand il est mort,
parce que la terre n'est que fange et poussière.

Mais je le dis, dans les Planètes Rocheuses,
notre être n'est pas de la fange et il ne meurt
pas, parce que les Planètes Rocheuses étant
parfaites ne sont pas terrestres, et, par suite,
ne peuvent s'éteindre.

Par conséquent, nous ne pouvons plus revenir
aux enfers quand nous sommes au Paradis Rocheux, parce que nous sommes parfaits comme
les Planètes Rocheuses, et, encore une fois,
je le dis, il n'y a point de résurrection pour le

corps qui est dans la terre, Ah ! Virgile ! qu'as-tu raconté avec ta résurrection du corps humain !

Maintenant que j'arrive à la fin de ma mission... ma religion... je vais faire la description du globe terrestre et aussi des Planètes Rocheuses. Ce contraste : L'enfer au milieu des fleurs et le Paradis au milieu des Roches que je connais tout particulièrement, mais non les Champs-Elysées de Virgile et de tant d'autres.

Mon Enfer, mon Purgatoire et mon Paradis n'ont rien de commun avec ceux des anciens, et ceux de Dante, car ces derniers n'ont pu atteindre la vérité.

Dans mes nouvelles Planètes ouvrage, qui est la suite de celui-ci et que je ferai paraître dans quelque temps, je dirai pourquoi d'autres qui sont plus grand que Dante et Virgile se sont égarés aussi.

XVIII

DESCRIPTION DE LA TERRE

Regarde, ce qu'on voit là-bas, bien loin, ces lieux se trouvent au-delà de la tourbe grouillante des peuples. Oh !... merveilles inexplicables !...

de ces pays de l'Outre-terre qui sont habités par des hommes parfaits, et non par des esprits ainsi qu'on nous le dit (1). C'est ce Paradis là qui préoccupe tous les hommes depuis la création du globe terrestre. Eh, grand Dieu! que ferait l'homme aux enfers si notre globe n'était pas terrestre, n'est-il pas jeté au milieu de ce bagne dont on sait qu'il n'y a que la surface d'habitée, pour y languir, hélas! quelle prison malgré sa surface.

Dans cette cellule, l'homme a des besoins perpétuels, souffre sans arrêt, pioche sans relache, et sue sang et eau. Son corps qui est aussi mou que la terre qu'il cultive peut se réduire en cendre et en boue de la même manière que la terre. Voilà pourquoi l'homme est assujetti à toutes les infirmités, à toutes les maladies; telle est la terre. Voilà pourquoi il meurt: telle sera la terre un jour, je l'ai dit; qu'importe ce que soient le visage et la tournure : Et qu'est cela, bonne sainte Vierge. Cette chair qu'on réduit comme l'on veut, qu'on peut anéantir et pétrir à la fois, n'est qu'une pourriture infecte, et c'est cette chair que nous aimons par dessus tout ; c'est elle qui nous fait si bien carrer... Ah !...

(1) Le mystère qui nous fait voir les morts habillés dans nos songes et qui nous fait vivre avec eux comme autrefois quand ils étaient sur la terre, est pour nous faire comprendre que les Planètes Rocheuses sont habitées par des hommes.

C'est le travail de l'homme qui couvre sa nudité, et, s'il ne veut pas périr par la famine, il faut
qu'il nourrisse la terre sans relâche ; car, ici
bas, tout doit être allaité (1) sans arrêt. Si la
terre était frappée par les colères du Grand Maitre qui anéantissent la fortune qu'elle porte,
l'homme mourrait.

Preuve. — Quand le mâle (2) de la terre ne
verse pas assez, les rivières se tarissent, parce que
l'air et les êtres qui vivent dans l'espace se nourrissent d'eau et de rosée ; mais les eaux douces ne
déssèchent pas d'elles mêmes, tandis que la mer
est intarissable et, quoiqu'étant salutaire à notre enfer, aucune force n'a de puissance sur cette
ogresse (3) ; mais, dites-moi, si l'air ne se nourrissait pas, avec quoi donc nous nourrirait-il ?

Je le dis, l'eau abreuve et nourrit, et le soleil
vivifie tout ; sans l'eau tout se fane, sans le
soleil tout décroît et quand il sort de ses ténèbres, la végétation qui est malade parce qu'elle
a manqué de nourriture, reprend comme l'homme,
des forces aussi vite. Pourtant, si le soleil voulait, il consumerait tout aux enfers, comme le
fait son ami le feu quand il est en furie. Quand

(I) Voir ce que j'ai dit au livre I, sur notre mère, la
terre, et sur le laboureur notre père, au chapitre XV.
(2) L'eau.
(3) La mer.

il verse (1) l'air est heureux et se repaît de la même manière que la terre, tout revit alors et se réconforte. La douce brise qui nous alimente calme et ravive les hommes et la verdure, réjouit la végétation, les vieillards et les petits enfants. O ! la nature est folâtre et rieuse, on la voit se balancer avec sa majesté au son de son orchestre zéphirien, et, sans déroger d'une note va toujours en cadence. O !... qu'elle est belle ainsi !.. On n'éprouve pas l'envie de danser avec elle : on ne peut que la contempler et rêver au murmure de son doux accord.

C'est l'extase qui vous empoigne ! c'est le ravissement qui vous saisit... Qu'est-il de plus imposant que la nature ?... Une touffe d'herbe ferait rêver !... En contemplant ces grandeurs, peut-on se rendre compte de l'ivresse qu'on ressent ? Admirons aussi les haies, elles sont si belles au printemps, ainsi que les fleurs qui en font l'ornement.

Fi !. . grandeur humaine !... tu as beau faire, pour embellir tes chefs-d'œuvre, tu ne seras jamais le Grand Maître.

La nature inspire les grandes âmes, et les fait rêver, de plus, elle calme les passions extrêmes, elle donne les passions suaves. Sans elle, que ferait-on ? Le sceptique s'incline devant les chefs-

(1) Quand l'eau tombe.

d'œuvre du Grand Maître, le fou retrouve sa lucidité, et l'assassin pleure ses crimes(1).

XIX

LE SOLEIL VIT

Le Paradis Rocheux qui est plus doux que le
duvet ne connaît pas la verdure, les astres, ni
la récolte. Le Paradis Rocheux est sans feu,
sans eau, sans table abondante ; mais il donne
la vie et le repos !

L'astre vivifiant de l'Outre-terre nous alimente
sans arrêt, car, dès l'instant que le bonheur y est
parfait, les besoins matériels ne doivent point se
faire sentir (2)et alors, qu'a-t-on besoin d'une table abondante, la manne céleste, en ce séjour
immuable entretient notre vie et notre santé et
alors, qu'a-t-on besoin de terre, de champ et de
culture ? puisque la moisson, la cueillette et la

(1) Voir ce que j'ai dit à ce sujet au livre V, en parlant
de la musique.

(2) Voir ce que j'ai dit sur ce sujet dans l'explication des
songes, au livre IV.

vendange font baigner de sueur le front du tra-
vailleur.

Je ɴ dis, dans les Planètes immatérielles il
n'y a point de labeur, le bonheur y est parfait.

Je le dis, dans les Planètes immatérielles on
ne peut y mourir, on ne peut y renaître !

Le soleil ne se cultive pas, puisqu'étant tout le
contraire, c'est lui qui nous éclaire ici-bas, et
nous aide à vivre parce qu'il vit. Eh bien ! le
soleil et le Grand Maître sont les maîtres de la
terre et de plus, le Grand Maître est le puissant de l'Outre-terre; tandis que le labour aurait
besoin au Paradis, d'être cultivé comme ailleurs;
par suite, la culture n'est-elle pas le plus pénible labeur ? et pour qu'elle soit belle et bonne,
il faut que toutes les intempéries passent sur sa
tête.

XX

LA NATIVITÉ DE L'HOMME DANS LE PARADIS

'Quand l'âme céleste a expié ses fautes au purgatoire (1), elle accourt vers nos pères au paradis, et fait alors sa formation comme jadis quand

(1) L'âme des petits enfants ne va pas au purgatoire,
je l'ai dit, cependant elle se forme dans le Paradis à
l'exemple de l'âme des hommes.

EULALIE-HORTENSE JOUSSELIN

élle était dans les flancs de sa mère, c'est-à-dire
que l'âme céleste a un germe comme elle a un
courant (1), ce germe se développe en un être
céleste, sous la forme de l'image humaine, sans
ce germe, l'âme mourrait; mais ce que le Grand
Maître a créé est bien et l'âme vit toujours.

XXI

BONHEUR SUAVE !... VIENS !...

Je vois encore les nuages se disperser pour faire
place à la vue du Paradis Rocheux, Dire exac-
tement ce qu'il y a en ces lieux ?... je ne pourrais pas !...

Car je le dis, les merveilles qui ne sont pas
terrestres, sont, pour toutes les lèvres, pour
toutes les plumes et pour tous les pinceaux indescriptibles.

Je le dis, aucune substance ne pourrait repro-
duire les teintes de cette délicate poésie, ce n'é-
taient que vallées, que Roches, dont les couleurs
vives et changeantes étaient rendues par l'effet
d'un beau soleil couchant tout en feu, tantôt plus
pâle, tantôt plus rouge, mais ces tons ne sont

(2) Voir pour ce sujet l'explication des songes.

point lumineux et ne fatiguent pas la vue comme
le soleil de notre Planète dont les rayons nous
écrasent et parfois nous tuent. C'est l'astre qui
n'a ni de rayons éblouissants, ni de réveil, ni,
d'extinction.

O ! que ce Paradis est imposant et simple ;
mais il est aussi difficile à décrire qu'il est
simple. Je n'ai pu voir toutes les beautés du Paradis Rocheux, car le Grand Maître ne veut pas
que ses valets soient aussi avancés que lui, sa
main invisible barre votre marche et sa voix crie :
« Tu n'iras pas plus avant en ces lieux que
quand tu seras élu. »

Dans les salons du Paradis Rocheux, où il n'y
a que des êtres parfaits comme la terre n'en
porta jamais : On voit l'orateur sacré, l'orateur
éloquent, le pinceau inaltérable, et on entend la
musique enivrante. Les Apollons la jouent là-
haut, plus grande encore, que jamais ils ne l'ont
dite ici-bas. Oh ! elle est bien plus belle ! puis
il règne les quatre vertus : la force, la justice, la
tempérance et la foi.

Les hommes qui habitent les Planètes Rocheuses ont une beauté mâle et fière, une barbe
noire, comme celle du noir africain encadre, leur
visage qui est à la fois, noble et sévère ; leur
beauté physique est idéale et leur force corpo-
relle est anté-diluvienne ; quand à notre force spi-
rituelle, nous la connaissons ; or, je ne la rappelle
pas ici. Les hommes ont tous le même âge, trente

cinq ans (1), le même visage, la même tournure
et sont vêtus pareillement car, à l'Outre-terre,
il n'y a point d'inégalité en rien.

Le petit enfant des Planètes rocheuses est bien
le même que le pinceau de l'artiste, quand il
est inspiré, représente sur ses toiles. On voit le
petit enfant étalé sur les roches ; on l'entend
rire et chanter, et jouer aussi à sa manière. O !
comme il est heureux !... Le beau chérubin ne
connaît point les larmes, ni la souffrance, et
aucun désir ne vient troubler sa félicité car son
rêve éternel est plein d'ivresse. Il grandit comme
le champignon dans les bois, et devient fort
comme Hercule le Thébain fils de Jupiter, puis
alors, il s'envole de son nid moelleux et s'en va,
en chantant, retrouver ses pères.

Comme l'oiseau qui vole de branche en branche sur notre globe, l'enfant qui fut ravi à la
mamelle de sa mère voltige de roche en roche
dans la planète immuable ; comme l'oiseau qui
gazouille son chant matinal, lui, gazouille son
chant céleste, et, en planant vers ses pères, il leur
demande le baiser du tendre amour.

---

(1) C'est-à-dire ceux qui meurent ayant passé l'âge
adulte.

J'ai fait comprendre dans mes révélations (dans ce tableau) que les créatures qui habitent les Planètes Rocheuses se composaient de trois époques différentes d'âge.

O ! oiseau du Paradis rocheux ! Ange divin !
Tu enivres les habitants des roches immuables !
ceux-là jouissent des huit béatitudes. Les quatre arts libéraux, les quatre vertus marquent
leur félicité éternelle.

On voit ensuite, étendus sur les roches l'ange
et la vierge de vingt ans dont j'ai parlé plus
haut ; ici, ils goûtent la vraie béatitude ; là-bas,
ils chantent leurs amours côte à côte comme
Dante chantait sa Béatrice.

Puis vient l'homme de trente-cinq ans, il est
là, calme, serein, a-t-il des amours ? je ne le
saurais dire. On demandera pourquoi il y a ces
rangs d'âges en ce séjour :

Les enfants qui meurent, en naissant, et, ainsi
de suite, jusqu'à cinq et six ans d'âge sur la terre
sont les chérubins de ces lieux ; mais, à partir
de cet âge jusqu'à vingt-cinq ans d'existence sont
l'ange et la vierge : de vingt-cinq jusqu'à l'âge
caduc sont les hommes de trente cinq-ans de nos
Planètes Rocheuses où personne ne vieillit. On
voit dans les Montagnes Rocheuses de nobles
cavaliers sortir des salons merveilleux, ils mon-
tent, sans brides ni mors et à poil nu, des chevaux pur sang qui se cabrent et par périodes
restent debout sur leurs sabots de derrière ; mais
là, tout est sans danger pour le fier écuyer et
aussi pour les habitants de ces trônes !

Les coursiers ardents ont des robes puces qui

s'hormonisent et changent de nuances en même temps que les roches, allant à leur gré, ils s'arrêtent ensemble pour marquer leur bonheur allègré en frappant le sol rocheux de leurs sabots de devant, puis, reprennent fièrement leur marche et s'arrêtent encore.

Où vont-ils ces fiers écuyers quand sur leurs coursiers intrépides ils savourent la félicité immuable ? Je ne le saurais dire, mais, en ces lieux où passent ces habitants, et leurs coursiers de l'Outre-terre, tout y est beau, tout y est grand ! On n'y craint point les intempéries des saisons, ni les dangers de notre vallée du crime, et les nombreuses nécessités de la vie sont tombées à jamais dans le néant.

Je vois ces nobles cavaliers vêtus de draperies qui sont négligemment jetées sur leurs larges épaules et qui renvoient les mêmes tons que les Roches.

Je vois dans toute leur fierté, les coursiers allègres qui se cabrent et rappellent ici la légèreté de l'oiseau de l'air. Je vois les nuances de l'astre des Planètes Rocheuses quand elles jettent tout autour de la Planètes des notes de l'Outre-terre. Je n'ai pas besoin de dire que c'est là où est l'éternel séjour.

Humains ! Entendez le bonheur qui vous attend dans le Paradis Rocheux, quand vous aurez expié votre châtiment aux enfers. Se revoir tous...

là-bas... ne se quitter jamais... vivre toujours...
Sans qu'un vestige de besoin s'y fasse jamais
ressentir, sans qu'une ombre éphémère vienne
marquer d'un instant, même une inquétude fugitive.

EULALIE-HORTNSE JOUSSELIN

Tous droits réservés.

Paris le 20 octobre 1893

Elle se souvient.

C'était une fille de l'Océan, elle avait alors quinze années.

Un jour qu'elle se promenait rêveuse sur le rivage, elle vit venir à elle un jeune homme élégant. Elle fut ravie de sa calme attitude et, en le regardant à la dérobée, elle se dit : qu'il est beau !... Je voudrais bien m'envoler dans le ciel avec lui ».

La jeune fille alors, ne voyait pas l'amour comme il est, mais elle voulait aimer.

Le jeune homme s'acheminait, la tête baissée, à pas lents, la jeune fille, sans le regarder maintenant, le trouvait toujours plus beau : « Il rêve se dit-elle... à quoi pense-t-il, ! Oh !... s'il pensait comme moi ! » Quand le jeune homme arriva aux pieds de la jeune fille, il releva aussitôt ses paupières, et alors murmura quelques mots. En sentant ces regards chastes et profonds qui l'avaient troublés, plongés sur elle, elle rougit, non fit-elle, plus rouge encore, je ne veux plus m'envoler dans le ciel avec lui.

CONCLUSION

La première édition de cet ouvrage c'est-à-dire le premier mille d'abord intitulé : Les erreurs de la vie (Planètes Rocheuses) a été imprimé par les soins de l'éditeur Chamuel (année scolaire 1893-1894). Quelques volumes de ce premier mille furent envoyés au ministère de l'Instruction publique.

Le deuxième mille a été imprimé en 1894 par M. Chamerot. Plusieurs volumes de ce deuxième mille furent remis, sitôt terminés à l'Institut de France et à l'hôtel-de-ville de Paris.

Le troisième mille a été imprimé par le directeur de l'Imprimerie Nouvelle située 11, rue Cadet à Paris. Ce troisième mille qui fut commencé au début de septembre 1895 a été détérioré dans le sinistre qui eût lieu à la dite imprimerie en fin décembre 1895.

Les premiers mille qui ont été écrits aussi

vite que la pensée sont incomplets (1) ; mais, le quatrième qui est le premier qui va paraître au public a été revu et approfondi par l'auteur autant que la lumière de son âme a pu lui permettre. Aussi, ce dernier mille dans lequel plusieurs passages pour un autre ouvrage ont été retirés, ne pourrait être comparé aux précédents.

(1) Dans ses Planètes Rocheuses, l'auteur a inventé plusieurs mots, par exemple : colleretta, infaculté, joural, nuital, outre-terre, zéphirien, etc.

TABLE DES MATIÈRES

18.

LIVRE DEUXIÈME

LIVRE TROISIÈME

LIVRE QUATRIÈME

LIVRE CINQUIÈME

ORLÉANS. — IMP. G. MORAND, 47, RUE BANNIER

www.ingramcontent.com/pod-product-compliance
Lightning Source LLC
Chambersburg PA
CBHW060404200326
41518CB00009B/1246